城市大脑发展研究与最佳实践

凌秋明　杨　磊　主编

孔　俊　张红卫　徐春梅　王　鹏　副主编

電子工業出版社

Publishing House of Electronics Industry

北京 · BEIJING

内 容 简 介

本书首先介绍了城市大脑的起源与发展历程，从不同的视角给出了城市大脑的定义，分析了城市大脑的特征、城市大脑与相关概念之间的关系；然后全面总结和分析了国内城市大脑的建设现状和建设特点，从技术架构、部署架构、业务架构和数据架构 4 个方面介绍了城市大脑的参考架构与技术实现，用于指导城市大脑这一复杂巨系统的工程实践；接着介绍了城市大脑的几项核心技术能力、实施路径和标准化建设情况，从不同的方面对城市大脑的未来发展进行了展望；最后引入了部分地区的城市大脑实践案例，为城市大脑各相关方开展城市大脑理论学习研究及具体项目的规划、设计、建设和运维等提供参考。

本书既可以作为城市大脑领域工程技术人员、设计人员、相关主管部门管理人员等进行城市大脑设计和建设的参考书，也可以作为高等院校计算机、信息管理与系统、信息工程等专业师生的参考书。

图书在版编目（CIP）数据

城市大脑发展研究与最佳实践 / 凌秋明，杨磊主编.
北京 ： 电子工业出版社，2025. 6. -- ISBN 978-7-121
-50261-3

Ⅰ. TU984

中国国家版本馆 CIP 数据核字第 2025ZH2473 号

责任编辑：徐蔷薇　　文字编辑：赵　娜
印　　刷：三河市鑫金马印装有限公司
装　　订：三河市鑫金马印装有限公司
出版发行：电子工业出版社
　　　　　北京市海淀区万寿路 173 信箱　　邮编：100036
开　　本：720×1000　1/16　印张：14.5　字数：279 千字
版　　次：2025 年 6 月第 1 版
印　　次：2025 年 6 月第 1 次印刷
定　　价：88.00 元

凡所购买电子工业出版社图书有缺损问题，请向购买书店调换。若书店售缺，请与本社发行部联系，联系及邮购电话：（010）88254888，88258888。

质量投诉请发邮件至 zlts@phei.com.cn，盗版侵权举报请发邮件至 dbqq@phei.com.cn。

本书咨询联系方式：xuqw@phei.com.cn。

编写组

主　　编　凌秋明　杨　磊

副 主 编　孔　俊　张红卫　徐春梅　王　鹏

参编人员　彭午阳　李晓青　刘　文　彭革非　相福民　马广惠
李　腾　王瑶瑶　游建友　冯晓蒙　许　强　唐怀坤
奚　瑜　念灿华　单　斐　凌从礼　董　南　陈正伟
郑庆国　姚新新　郑志强　蒋　彬　李嘉轩　梁永增
辛国茂　姜　鑫　刘俊伟　赵春昊　杨高飞　周　波
李闻宇　李维东　毕盛楠　韩绍兵　高一丁　彭　丽
张汉宁　张菊芳　袁钱生　南雁飞　杨　杨

编写单位

主编单位 上海数字产业发展有限公司
中国电子技术标准化研究院

参编单位 南威软件股份有限公司
华为技术有限公司
东软集团股份有限公司
中通服咨询设计研究院有限公司
杭州数梦工场科技有限公司
安吉两山转化数字研究院
中国联通智能城市研究院
杭州城市大脑有限公司
软通智慧科技有限公司
云赛智联股份有限公司
中移雄安信息通信科技有限公司
北京五一视界数字孪生科技股份有限公司
上海市浦东新区城市运行综合管理中心
北京数字冰雹信息技术有限公司
成都秦川物联网科技股份有限公司
泰华智慧产业集团股份有限公司
中电科数智科技有限公司
泰瑞数创科技（北京）股份有限公司
上海市人工智能行业协会
北京睿呈时代信息科技有限公司
浪潮智慧城市科技有限公司

湖北省标准化与质量研究院
华高数字科技有限公司
北京电信规划设计院有限公司
厦门市数据管理局
成都市智慧蓉城研究院有限公司
中国联通（海南）创新研究院
浙江省智慧城市促进会
中电科普天科技股份有限公司
紫光云技术有限公司
江苏移动信息系统集成有限公司

前　言

Foreword

2024 年 4 月，习近平总书记考察重庆市数字化城市运行和治理中心时指出，治理体系和治理能力现代化是中国式现代化的应有之义。强化数字赋能、推进城市治理现代化，要科学规划建设大数据平台和网络系统，强化联合指挥和各方协同，切实提高执行力。2024 年 5 月，国家发展和改革委员会、国家数据局、财政部、自然资源部四部门联合印发《关于深化智慧城市发展　推进城市全域数字化转型的指导意见》，提出构建统一规划、统一架构、统一标准、统一运维的城市运行和治理智能中枢，打造线上线下联动、服务管理协同的城市共性支撑平台；依托城市运行和治理智能中枢等，整合状态感知、建模分析、城市运行、应急指挥等功能，聚合公共安全、规划建设、城市管理、应急通信、交通管理、市场监管、生态环境、民情感知等领域，实现态势全面感知、趋势智能研判、协同高效处置、调度敏捷响应、平急快速切换。

随着数字时代的到来，全面推进城市数字化转型，构建与城市数字化发展相适应的现代化治理体系与治理能力，已经成为推进新型智慧城市、“数字中国”建设的关键任务。城市大脑以实现高效能治理为目标，已经成为各地方构建经济治理、社会治理、城市治理等全方位城市治理体系的有效抓手。近年来，各地方结合自身发展需求，积极探索推进城市大脑建设，积累了丰富的实践案例，但同时面临各种各样的发展难题。为建立社会各界对城市大脑的统一认识，系统分析城市大脑的内涵特征、发展现状、发展趋势等，为城市大脑健康发展建言献策，上海数字产业发展有限公司、中国电子技术标准化研究院联合相关产学研用单位，共同编写了本书。本书各章主要内容如下。

第 1 章“城市大脑发展概述”介绍了城市大脑的起源和发展历程，将城市大脑的发展划分为萌芽阶段（2008—2017 年）、培育阶段（2018—2019 年）、发展阶段（2020 年至今）、成熟阶段（未来）4 个阶段，每一阶段均伴随着关键政策的出台与落地。城市大脑的诞生与发展源于城市治理体系和治理能力现代化发展的需求，是智慧城市理念深化与实践探索的必然产物。从数字化到智能化再到智慧化，城市大脑不仅见证了技术的飞跃，更引领了城市治理模式的根本性变革。

第 2 章“城市大脑的内涵”系统分析了城市大脑的定义与特征，并对城市大脑与相关概念之间的区别和联系进行了阐述。在城市大脑的定义方面，本章从学术研究、政府规划、地方实践、社会发展及技术应用等不同视角提出了对城市大脑的理解，希望能够帮助不同领域的读者更好地了解和研究城市大脑的定义。在城市大脑的特征方面，本章围绕城市全量、全域、全局、全流程，感知、认知和执行的智能全过程，城市管理模式变革，场景创新应用及城市大脑的自我演进等方面总结了城市大脑的五大典型特征。在城市大脑与相关概念之间的关系方面，本章重点分析了城市大脑与“一网统管”、城市运管中心、领导驾驶舱、城市数据大脑和行业/产业大脑等相关概念之间的区别和联系，希望能够帮助读者更好地理解城市大脑及相关概念。

第 3 章“城市大脑的建设现状”在调研国内不同城市建设现状的基础上，总结分析了当前国内城市大脑整体建设情况及各省（市）建设特点，从组织机制、技术路线、数据治理体系、重点建设内容及建设运营模式等方面对城市大脑的建设特点进行了阐述。

第 4 章“城市大脑的总体架构”从技术架构、部署架构、业务架构、数据架构等维度对城市大脑的总体架构进行了描述。在技术架构方面，采用物联网、大数据、人工智能、区块链等技术，构建面向城市全域数字化转型的信息基础设施，打通数据资源，建设应用支撑能力，提供可演进的技术架构；在部署架构方面，按照市-区/县-街道三级平台部署方式，从物理联动、数据联动、应用联动 3 个方面描述了各级平台的主要定位；在业务架构方面，系统分析了多领域的业务需求，并给出了城市大脑在产城融合、城市精准精细治理、数字公共服务、数字经济、数字政府等领域的业务应用；在数据架构方面，梳理了五大数据库内容，并对数据汇聚、数据治理、数据安全和数据服务进行了描述。

第 5 章“城市大脑的核心技术能力”从技术能力概述、发展现状和发展方向 3 个方面详细介绍了城市大脑涉及的算力、算法、数据、人工智能、人机交互及安全等核心技术能力。在技术能力概述方面，对核心技术能力进行了概括描述；在发展现状方面，分析了核心技术能力在城市大脑领域的应用现状、应用需求及存在的问题等；在发展方向方面，提出了城市大脑与相关核心技术能力的双向促进和协同发展的未来前景，以技术创新支撑城市大脑应用创新，以城市大脑应用需求促进技术的不断发展。

第 6 章“城市大脑的实施路径”围绕城市大脑的建设理念、生态体系建设、建设实施路径及体制机制保障等方面进行了阐述。在建设理念方面，强调城市大脑建设应体现“以人为本”“技术创新”“全域转型升级”“可持续发展”等理念；在生态体系建设方面，系统介绍了城市大脑各相关方的关联关系，以及不同相关方视角下城市大脑所体现的价值和意义；在建设实施路径方面，按照顶层规划、体系建设、平台建设、运行管理、运营管理 5 个步骤提出了城市大脑建设的实施路径；在体制机制保障方面，简要描述了城市大脑建设所需的组织、政策、管理、运行、数据、技术、人才及安全等方面的保障体系。

第 7 章“城市大脑的标准化建设”介绍了城市大脑国际与国内的标准化现状、城市大脑标准体系及部分重点标准。城市大脑标准体系主要包括总体标准、基础设施标准、数据标准、关键支撑能力标准、应用服务标准、建设管理标准和安全保障标准。在城市大脑重点标准方面，围绕城市智能中枢参考架构、能力评价、数据治理等方面，对相关标准的主要内容进行了简要介绍。

第 8 章“城市大脑未来发展展望”对城市大脑的未来发展进行了展望，基于智慧城市开放复杂巨系统的特点，从政策、技术、产业、跨领域融合与创新等维度进行了分析，同时围绕标准化、系统互操作性、投资、运营模式、人才培养等提供了城市大脑的未来发展建议。

第 9 章“城市大脑最佳实践案例”针对上海浦东、福建泉州、山东临沂、江苏南京、浙江杭州的城市大脑案例进行了简要介绍，通过梳理形成可复制、可推广的实践经验，发挥优秀案例的带动作用，为各地开展城市大脑建设提供场景规划和技术实施参考，推动城市大脑行业发展。

目　录

Contents

第1章 城市大脑发展概述

1.1 城市大脑的起源

城市大脑源于智慧城市理念的兴起和我国对智慧城市建设的实践探索。2008 年，IBM 首次提出了“智慧城市”这一开创性概念，标志着全球范围内对城市未来发展模式的深度思考和科技驱动的城市治理新篇章的开启。在智慧城市发展初期，尽管各国纷纷投身于智慧城市建设的热潮，但在实践中普遍存在缺乏整体规划、过于依赖技术手段、忽视数据资源的整合与共享等问题，导致出现信息孤岛、资源割裂等现象，极大地制约了智慧城市的效能发挥和长远发展。

随着国家对智慧城市建设认识的不断深化和政策导向的调整，智慧城市建设进入了一个新的发展阶段。2014 年，国家组建了“促进智慧城市健康发展部际协调工作组”，标志着我国智慧城市建设从分散走向协同，开始致力于顶层规划设计，着力

打破信息壁垒，积极推动数据资源的整合与共享，力求实现城市治理与服务的全面提升。2015 年，国家提出并确立了新型智慧城市理念，并将其提升至国家战略层面，原工作组也随之调整为“新型智慧城市建设部际协同工作组”。在 2016 年 10 月 9 日中央政治局第 36 次集体学习中，习近平总书记指出，要以推行电子政务、建设新型智慧城市等为抓手，以数据集中和共享为途径，建设全国一体化的国家大数据中心。新型智慧城市提倡系统思维和融合意识，打破了传统智慧城市仅关注技术应用的局限，转向注重城市信息资源的整合与共享、大数据的深度挖掘和高效利用，以及城市安全体系的全方位构建和保障。在此背景下，城市大脑这一创新理念应运而生，其具有自学习、自优化、自演进等良好的特性，成为推动新型智慧城市建设的关键突破口。

城市大脑的诞生，正是依托互联网、物联网、大数据、人工智能等前沿科技的融合创新，以及我国城市化进程的深层次变革需求。面对日趋复杂庞大的城市生态系统，传统的城市管理模式显得力不从心，迫切需要一种能够像生物大脑般整合资源、协调运作、自我学习和持续优化的中枢系统，以应对日益严峻的城市治理挑战。城市大脑就是这样一种集成了多种先进技术的智能平台，它不仅是城市物理空间向数字空间跃迁的关键引擎，更在城市治理、应急管理、公共交通、生态环保、基层治理、城市服务等诸多领域提供综合解决方案，以“优政、兴业、惠民、强基”为核心，通过实时汇聚、监测、治理和分析全域城市运行数据，全面感知城市脉搏，为决策指挥提供有力支持，对重大事件进行预警预测，优化资源配置，保障城市安全有序运行，助力政府、社会、经济的数字化转型。

2017 年，党的十九大站在历史和全局的高度，对推进新时代“五位一体”总体布局做了全面部署，明确了经济、政治、文化、社会、生态文明 5 个方面的战略目标。在此宏观框架下，城市大脑的建设与应用紧随国家战略步伐，构建了与“五位一体”高度契合的顶层治理架构，这一架构以经济、政治、文化、社会、生态文明五大领域为基石，深度渗透至城市治理的各个层面，形成了一套覆盖全面、层次分明、脉络清晰的城市智慧化治理蓝图。这一“五位一体”顶层治理架构的确定，为全国范围内城市大脑的推广应用提供了明确的方向和框架，使城市大脑这一理念与技术体系迅速在全国各地落地生根，结出累累硕果，有力推动了我国城市治理现代化与智慧城市建设的进程。

1.2 城市大脑的发展历程

1.2.1 城市大脑发展的 4 个阶段

城市作为一个开放的复杂巨系统，始终处于动态演变之中。信息化浪潮与政府体制机制改革如同两条交织的主线，共同推动着城市大脑这一创新治理模式的孕育、成长与成熟。在技术革新与治理需求的双重驱动下，城市大脑的发展经历了几个关键阶段：从最初的萌芽阶段，到后续的培育阶段，再到如今的发展阶段，直至迈向未来的成熟阶段，如图 1-1 所示。

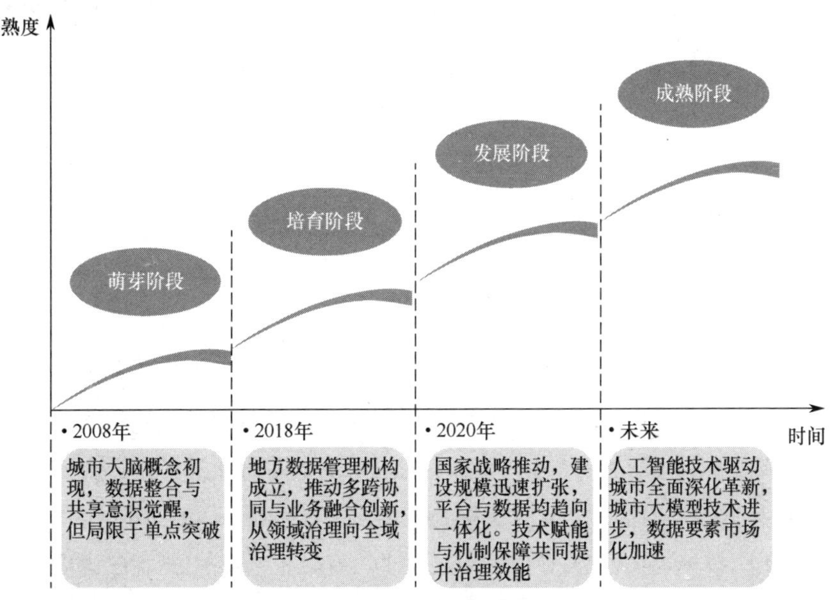

图 1-1　城市大脑发展的 4 个阶段

1. 萌芽阶段（2008—2017 年）

信息化的浪潮奔涌不息。然而，城市数字化发展作为一个整体概念直至 2008 年才逐渐走入人们的视野。在这一阶段，我国智慧城市建设经历了从自发性、碎片化的区域性尝试向国家顶层战略设计与系统布局的关键转折。政府开始认识到数据资源的整合与共享对提升城市治理效能的重要性，着手打破部门壁垒，初步构建数据管理与服务平台，为城市大脑的孕育奠定了基础。然而，此时的城市大脑尚处于理论构想与局部实践交织的起步阶段，尽管杭州城市数据大脑等早期项目初见成效，但大多数仍局限于特定领域的单点突破，未能实现对城市整体数据资源的系统整合与优化利用。

城市大脑建设尚未形成全局视角，缺乏一个统一管理部门，不同部门之间数据互通与协同机制的构建不成熟，信息孤岛现象依然严重。

2. 培育阶段（2018—2019 年）

随着我国政府机构改革的深入推进，地方大数据管理机构如雨后春笋般涌现，为城市大脑的蓬勃发展构筑了稳固的组织架构。政府在信息化建设上的决心与力度显著增强，着力打破部门间的信息壁垒，大力推动信息系统整合，构建统一、高效的数据管理体系，为城市大脑与城市治理的全面接入和深度融合创造了必要条件。同时，政府深化“放管服”改革，通过“互联网+政务服务”等方式简化审批流程，提升公共服务效能，为城市大脑的应用开辟了广阔的空间。云计算、大数据等信息化技术的广泛应用，为政府改革提供了强大的技术引擎，使其能在短时间内以较低的成本采集、处理、分析海量数据，辅助科学决策，提升治理效能。这种政策改革与技术创新的双向互动，有力推动了城市大脑从局部试点向全局推广的转变，使其逐渐成为城市治理不可或缺的组成部分。在这一阶段，技术、流程、组织结构与文化要素开始相互交融，共同推动城市大脑从理念走向实践。

3. 发展阶段（2020 年至今）

在习近平总书记亲临杭州城市大脑运营指挥中心并寄予深切期望的鼓舞下，以及随着国家层面“新基建”战略的启动和“十四五”规划的深入实施，城市大脑建设被正式提升至国家战略层面。全国各地积极响应，建设规模迅速扩张，由一线城市逐步向中小城市乃至县域延伸，日益成为提升城市治理体系和治理能力现代化的核心引擎。政府体制机制改革与信息化发展在这一时期深度融合，形成强大的协同效应，部委层面设立国家数据局，强化对数据资源的统筹管理和深度开发，为城市大脑提供坚实的数据基础。同时，政府持续推进简政放权，优化服务流程，通过城市大脑实现精细化、智能化治理，显著提升城市治理效能。5G、人工智能、大模型等信息化技术迅猛发展，进一步赋能城市大脑，提升其智能化水平。政策法规体系不断完善，为城市大脑在数据安全、隐私保护等方面提供了坚实的法治保障。在此过程中，城市大脑呈现出体系架构日趋完善、市场规模快速壮大、技术水平不断提升、应用场景日益丰富、建设模式不断创新的发展态势，彰显出强劲的创新活力与广阔的发展前景。

4. 成熟阶段（未来展望）

展望未来，城市大脑将在人工智能技术的驱动下，实现全面深化与革新，引领城市治理的新篇章。2023 年，人工智能发展的拐点悄然而至，一系列通用的人工智能大模型应运而生，为人类的工作与生活带来了前所未有的便利。然而，对于城市这一复杂巨系统而言，这些大模型还无法满足城市级、场景多样化的需求。未来，随着城市大模型技术的持续进步，城市大脑将具备对城市全貌进行超精密感知、智能化决策与自动化管理的能力，犹如为城市治理安装了一颗精密的“智能心脏”，以科技之力重构城市治理的神经系统。与此同时，数据要素市场化的加速将进一步提升数据要素的供给、流通和使用效率，为城市大脑提供源源不断的动力。城市大脑的“血液循环”将更加迅速，确保其在处理海量城市数据时能够保持高效、稳定的运行状态。随着这些技术的不断发展和完善，城市大脑将真正走向成熟阶段，迎来新一轮的迭代，推动城市大脑在治理理念、技术应用和模式创新等方面实现全面升级。最终，城市大脑将成为一个集高度集成、智能高效、开放共享、安全可靠于一体的现代化城市治理中枢。它将全面赋能城市的高质量发展，推动人民的高品质生活，为构建全球城市治理新生态、推动城市治理现代化迈上新高度发挥重要作用。

从数字化到智能化再到智慧化，是数据要素流通、融合、创新的过程，也是城市大脑的发展路径。在这一过程中，政府体制机制改革与信息化发展紧密结合，共同推动城市大脑从概念走向实践，从局部走向全局，从单一功能走向全面赋能。这一演进历程不仅见证了城市大脑的成长与蜕变，更有力推动了我国城市治理迈入智慧化、精细化、高效化的新时代，让城市治理焕发出前所未有的生机与活力。

1.2.2 城市大脑发展过程中的关键政策与节点

城市大脑的快速发展与演变离不开国家政策的精心布局与持续推动。从概念萌芽到技术突破，再到全面应用与深度整合，每一阶段的跨越都是政策引领与市场需求双重驱动的结果。本书梳理了自 2008 年以来，与城市大脑发展息息相关的关键政策与节点（见表 1-1），为读者提供参考。

表 1-1 城市大脑发展过程中的关键政策与节点

城市大脑发展阶段	关键政策与节点
萌芽阶段（2008—2017 年）	（1）2008 年，在国际经济遭遇金融危机的背景下，IBM 公司为了推动新兴产业以应对危机，提出了“智慧地球”战略，智慧城市成为此战略中的核心板块，并迅速在全球范围内被各国采纳作为应对经济困局、争取科技领先地位的战略选择

（续表）

城市大脑发展阶段	关键政策与节点
萌芽阶段（2008—2017 年）	（2）2012 年 12 月，住房和城乡建设部正式启动国家智慧城市试点工作，发布《关于开展国家智慧城市试点工作的通知》 （3）2014 年 3 月，《国家新型城镇化规划（2014—2020 年）》进一步强调了智慧城市建设任务，明确体现了国家对智慧城市持续递进的建设要求 （4）2015 年，国家标准化管理委员会（以下简称“国家标准委”）、国家互联网信息办公室（以下简称“国家网信办”）、国家发展和改革委员会（以下简称“国家发展改革委”）联合发布《关于开展智慧城市标准体系和评价指标体系建设及应用实施的指导意见》，标志着我国智慧城市标准化建设正式迈入国家顶层规划范畴 （5）2016 年 3 月，《中华人民共和国国民经济和社会发展第十三个五年规划纲要》发布，首次提出建设一批新型示范性智慧城市 （6）2016 年 10 月 9 日，在中共中央政治局第 36 次集体学习中，习近平总书记指出，要以推行电子政务、建设新型智慧城市等为抓手，以数据集中和共享为途径，建设全国一体化的国家大数据中心 （7）2016 年，杭州以城市大脑为抓手，开启城市数字治理新探索，成为城市大脑的创新策源地 （8）2017 年 10 月 18 日，党的十九大报告指出，要转变政府职能，深化简政放权，创新监管方式，增强政府公信力和执行力，建设人民满意的服务型政府
培育阶段（2018—2019 年）	（1）2018 年 2 月，国务院第八次机构改革，地方大数据管理机构批量成立 （2）2018 年 3 月，时任国务院总理李克强同志在《政府工作报告》中明确提出，要深入推进“互联网+政务服务”，使更多事项在网上办理，必须到现场办的也要力争达到“只进一扇门”“最多跑一次”“加快政府信息系统互联互通，打通信息孤岛”等具体要求 （3）2018 年 7 月，国务院印发《关于加快推进全国一体化在线政务服务平台建设的指导意见》 （4）2018 年 11 月 6 日，习近平总书记在考察上海浦东新区城运中心时指出，一流城市要有一流治理，要注重在科学化、精细化、智能化上下功夫，为浦东加强城市精细化管理和城市大脑建设指明了方向 （5）2019 年 12 月，国务院办公厅在《关于支持国家级新区深化改革创新加快推动高质量发展的指导意见》中再次着重强调了推进智慧城市建设工作的重要性，旨在通过智慧城市精细化管理水平的全面提升，推动城市的高质量发展
发展阶段（2020 年至今）	（1）2020 年 3 月 31 日，习近平总书记在考察杭州城市大脑运营指挥中心时指出，推进国家治理体系和治理能力现代化，必须抓好城市治理体系和治理能力现代化。运用云计算、大数据、区块链、人工智能等前沿技术推动城市管理手段、管理模式、管理理念创新，从数字化到智能化再到智慧化，让城市更聪明一些、更智慧一些，是推动城市治理体系和治理能力现代化的必由之路，前景广阔

（续表）

城市大脑发展阶段	关键政策与节点
发展阶段（2020 年至今）	（2）2020 年 4 月，中共中央政治局常务委员会会议明确提出了启动“新基建”等一系列重大项目，其中特别强调了加快 5G、人工智能等新型基础设施的建设步伐，为城市大脑的诞生与发展提供了强有力的政策支持 （3）2021 年 3 月 13 日，《中华人民共和国国民经济和社会发展第十四个五年规划和 2035 年远景目标纲要》提出，完善城市信息模型平台和运行管理服务平台，构建城市数据资源体系，推进城市数据大脑建设 （4）2021 年 5 月 24 日，《全国一体化大数据中心协同创新体系算力枢纽实施方案》印发，提出开展一体化城市数据大脑建设，为城市产业结构调整、经济运行监测、社会服务与治理、交通出行、生态环境等领域提供大数据支持 （5）2021 年 9 月 1 日，《中华人民共和国数据安全法》正式施行 （6）2022 年 7 月 29 日，科技部等六部门印发《关于加快场景创新以人工智能高水平应用促进经济高质量发展的指导意见》，提出城市管理领域探索城市大脑、城市物联感知、政务数据可用不可见、数字采购等场景 （7）2022 年 12 月 19 日，《中共中央 国务院关于构建数据基础制度更好发挥数据要素作用的意见》对外发布，提出从数据产权、流通交易、收益分配、安全治理等方面构建数据基础制度，并提出 20 条政策举措 （8）2023 年 3 月 16 日，中共中央、国务院印发《党和国家机构改革方案》，提出组建国家数据局，负责协调推进数据基础制度建设，统筹数据资源整合共享和开发利用，统筹推进“数字中国”、数字经济、数字社会规划和建设等，由国家发展改革委管理 （9）2024 年 5 月 14 日，国家发展改革委、国家数据局、财政部、自然资源部联合印发《关于深化智慧城市发展 推进城市全域数字化转型的指导意见》，提出构建统一规划、统一架构、统一标准、统一运维的城市运行和治理智能中枢，打造线上线下联动、服务管理协同的城市共性支撑平台；依托城市运行和治理智能中枢等，整合状态感知、建模分析、城市运行、应急指挥等功能，聚合公共安全、规划建设、城市管理、应急通信、交通管理、市场监管、生态环境、民情感知等领域，实现态势全面感知、趋势智能研判、协同高效处置、调度敏捷响应、平急快速切换；探索建立统一规范的城市运维体系，构建城市运行和治理智能中枢等系统与部门业务需求、市民企业反馈相互贯通、迭代优化的运维机制。以上指导意见为推进城市智能中枢（城市大脑）建设、支撑城市全域数字化转型指明了方向

第2章 城市大脑的内涵

2.1 城市大脑的定义

由于具有复杂性、综合性、整体性，城市大脑一直受到学术界、产业界、政府部门等的广泛关注，相关人员从不同的视角讨论城市大脑的定义，讨论内容贯穿了城市大脑规划、实施、优化全生命周期，这对理解城市大脑的内涵、引导城市大脑建设、探索城市大脑创新应用具有重要的指导意义。

2.1.1 从学术研究视角看城市大脑的定义

学术界对城市大脑的定义尚无统一定论。学者们或基于类脑理论研究，提出城市大脑是互联网大脑框架与智慧城市融合的产物，是具有感知、传输、思考、反应等功能的城市级类脑复杂智能巨系统；或基于社会-技术、公共价值理论研究，提出城市大脑是智慧城市系统的核心与中枢，即“系统中的系统”，从整体性、智能性、全周期等多维度服务城市运行，特别是满足超大城市治理需求；或基于城市生命体理论、界面治理理论研究，提出城市大脑是具备体征感知、资源优化、预测预警、宏观决策功能的新型基础设施，是实现城市治理能力提升、产业结构优化和管理模式创新的综合平台，是优化城市发展路径、推动城市数字化转型的重要手段。

综合学术界对城市大脑的研究成果，城市大脑的定义中突出了以下共有要素：作为城市级智能中枢和新型基础设施的整体定位；优化路径与数字技术的发展紧密相连；数据在其中发挥着基础资源和创新引擎的作用；遵循整体智治、高效协同、科学决策的原则；以推进城市治理体系和治理能力现代化为目标。这些共有要素的论述为我们理解、提炼城市大脑的定义提供了理论依据。

2.1.2 从政府规划视角看城市大脑的定义

各级政府在围绕数字政府、数字经济、数字社会等发展、转型的规划文件中，对城市大脑的定义更多地强调其定位、功能和建设要求。大多数规划将城市大脑定位为智能中枢系统的一种新型基础设施，以支撑经济、社会和政府数字化转型为目标。从能力上看，城市大脑提供智能感知、精准分析、整体研判、协同指挥、科学治理能力，实现城市自我调节、智慧运行。在设计原则方面，统筹智慧城市建设其他工作，形成自上而下的系统式、集成式模式，保障统一架构、互联互通、数据共享；在建设任务方面，重点关注算力和网络等基础设施建设、数据资源整合能力建设、AI 智能分析应用能力建设、业务协同能力建设；在应用场景方面，优先建设“一网通办”“一网统管”等政府数字化基础性应用场景；在建设模式方面，探索政企合作、多方参与的多元化模式，政府主导顶层设计和系统推进，鼓励和引导各类社会资本参与建设与运营。

综合政府侧对城市大脑的建设规划，城市大脑具有以下重要特征：以支撑经济、社会和政府数字化转型为目标；以系统化、集成化统筹推进为基本原则；以强化数据资源整合、深化数据共享服务、推进数据应用赋能，实现数据协同、业务协同为重点；以政府主导，多方共建、共享、共治为建设模式。

2.1.3 从地方实践视角看城市大脑的定义

城市发展的不断加速对城市治理提出了巨大挑战，城市大脑建设已然成为城市治理者的共同选择。各地在实践中应结合城市发展定位、突出问题、治理需求，开展城市大脑建设。超大城市和特大城市通常重点强调及时发现与解决公共安全、城市环境、交通出行、环保生态等领域的难点、堵点问题，致力于科技城市建设、城市管理水平提升等，提高超大城市治理数智化水平；大城市通常重点强调开放城市创新应用场景，营造国内外企业共同参与建设的开放生态，强化跨区域协作联合治理能力；中等城市重点发挥城市大脑对接上级平台、获取资源的作用，通过城市大脑强化局部治理或赋能本地特色经济产业，强化区域协同治理能力；小城市则重点强调本级城市大脑与上级部门的联通联动，发现问题反馈上级部门并接收上级部门的指令，解决具体问题，强化基层治理与服务能力。

从地方实践视角来看，城市大脑可以被定义为一种基于数字化手段，以提升城市治理效能、优化实现路径为目标的系统。它通过整合数据资源、推动技术创新和应用、构建开放的技术架构和软件系统生态，支持城市的智能化发展和现代化治理，促进公共服务和社会运行方式的持续创新，为市民提供更加便捷、高效、智能的社会化服务。

2.1.4 从社会发展视角看城市大脑的定义

城市与人类社会的发展相伴相生，信息化时代的到来重塑了人类的生产生活方式，赋予了城市一种全新而多元的生命意识形态。随着城市演变成为日益复杂的巨系统，城市治理面临的问题越来越多元化、综合化。作为实现全周期、智慧化的城市治理模式的重要手段，城市大脑的功能特点与社会发展的特征和需求密切相关。一是城市大脑需要具备强大的数据处理和分析能力。随着城市数据量的爆炸式增长，城市大脑必须能够实时收集、存储、处理和分析这些数据，以提供对城市运行状况的全面、准确感知。通过深度挖掘和分析这些数据，城市大脑可以帮助政府和企业更好地理解城市运行规律，为决策提供更科学、更精准的依据。二是城市大脑需要实现跨部门、跨领域的协同管理。城市管理涉及众多部门和领域，如交通、环保、公共安全等，这些部门和领域之间的数据与信息需要实现共享、互通。城市大脑作为一个综合性平台，需要打破各部门之间的壁垒，促进各部门之间的协作与配合，实现城市治理的整体性和协同性。三是城市大脑需要推动公共服务的智能化和个性化。随着生活水平的提高，人们对公共服务的需求越来越多样化和个性化。城市大脑应该通过数据分析、人工智能等技术手段，精准识别市民需求，提供定制化、智能化的公共服务，提高市民的生活质量和满意度。四是城市大脑需要在公共安全领域发挥重要作用。随着城市规模的扩大和人口密度的增加，公共安全面临的挑战日益严峻，城市大脑应通过实时监测、预警和应急响应等手段，及时发现、处理各类安全隐患和突发事件，保障市民生命财产安全。此外，城市大脑需要具备高度的可扩展性和灵活性。随着城市的发展和技术的进步，城市大脑需要不断适应新的需求和挑战，进行功能升级和扩展。因此，城市大脑应该采用开放、灵活的技术架构，便于后续的功能扩展和升级。

综合社会发展对城市大脑功能的要求，城市大脑的定义中应包含多源异构数据融合处理、城市运行态势感知、突发事件预测预警、智能化的公共服务、可扩展性等要点。

2.1.5 从技术应用视角看城市大脑的定义

城市大脑的概念是在信息技术创新背景下诞生的。从技术应用的系统性出发，相关定义侧重城市大脑是整个城市的人工智能中枢，是城市级人工智能系统。例如，将城市大脑定义为“基于互联网大模型的‘类脑城市系统’”“平台型人工智能中枢”等。从技术应用的功能性出发，相关定义侧重城市大脑是高度智能化、一体化的技术平台，以数据为生产资料，打造数字化应用赋能城市发展。例如，将城市大脑定义为“利用人工智能、大数据、物联网等先进技术，为城市交通治理、环境保护、城市精细化管理、区域经济管理等构建的一个后台系统”。

在技术应用视角下，城市大脑的定义一方面体现了城市大脑“中枢”的定位，它是智慧城市系统的系统，通过构建一个大规模分布式计算架构，指挥、支配着城市行为，保障城市各方面正常运行；另一方面突出了其基础技术支撑，云计算、大数据、人工智能、区块链等新一代信息技术融合应用，使城市大脑具备了强大的数据处理和问题解决能力，并强调了数据资源的汇聚整合与分析利用，为城市管理服务提供更加科学、高效的决策支持。通过对技术本身的系统性融合及对技术应用与目标的明确，形成较为完整的城市大脑的定义。

综上所述，根据不同视角下城市大脑定义的核心观点，结合全国信息技术标准化技术委员会（以下简称“全国信标委”）智慧城市标准工作组的研究结论，本书认为，城市大脑是数字时代下，以实现整体智治、高效协同、科学决策及推进城市治理体系和治理能力现代化为目标，综合应用新一代信息技术，融合城市多源数据资源，整合状态感知、建模分析、城市运行管理、应急指挥等功能，通过人机交互与协同，提供态势全面感知、趋势智能研判、协同高效处置、调度敏捷响应、平急快速切换等智能化服务，提升城市精准精细治理水平，支撑城市数字化转型的一种复杂系统。

2.2 城市大脑的特征

城市大脑作为城市数字化、智慧化、智能化的新型基础设施，需要综合运用物联网、云计算、大数据、区块链、人工智能等新一代信息技术，构建连接城市中物与物、人与人、人与物的城市神经元网络系统，横向联通、纵向贯通跨部门、跨层级、跨行业系统平台的智能中枢，打破部门间数据共享壁垒、业务协同壁垒，吸纳社会主体参与，实现多源异构数据高质量汇聚融合、城市治理“观管防”一体，赋能城市治理体系和治理能力现代化。从建设理念、建设手段、建设模式等维度观察城市大脑，可以总结归纳出五大关键特征，如图 2-1 所示。

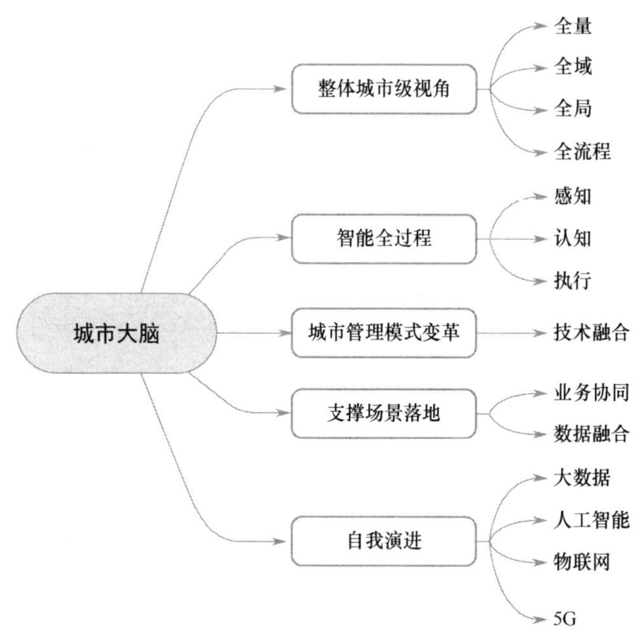

图 2-1　城市大脑的五大关键特征

2.2.1 注重全量、全域、全局、全流程的整体城市级视角

城市大脑是一种基于整体城市级视角的智能系统，它注重对城市中各个要素的全面数字化覆盖，将城市中的“人、地、事、物、情、组织”等要素进行全面的数字化记录，为城市的运行和管理提供了全面的数据支持和决策依据。基于全量、全域、全

局、全流程的整体城市级视角，城市大脑能够对城市内的各个方面进行综合分析和监测，汇集来自各个领域的数据，包括人口统计、交通流量、环境质量、社会经济指标等，实时地进行整合和分析。

城市大脑的作用不仅是收集和整理数据，更重要的是通过算法和人工智能技术，对这些数据进行分析和挖掘，提供决策支持和智能化服务。基于全面的数据支持，城市大脑可以帮助城市管理者更好地了解城市的运行情况，识别问题和瓶颈，并通过数字化记录和智能分析提供相应的解决方案。

全量数据的整合与分析是城市大脑实现其功能的重要基础。通过汇聚和融合城市级大规模、多源异构的数据资源，城市大脑能够获取来自政府、企业和社会等各方的全量数据，并建立全面的城市数据资源体系。城市大脑运用各种算法和人工智能技术，对城市交通、环境、能源、人口等多个领域的数据进行分析。通过挖掘城市多领域数据背后的内在规律，城市大脑可以提取有价值的信息。这些信息可以帮助决策者更好地洞察城市发展的现状和趋势，为城市的规划和决策提供依据。通过对全量数据的分析，城市大脑能够进行推演和预测。基于历史数据和趋势分析，城市大脑可以预测城市在不同方面的发展趋势。这为决策者提供了重要的参考和指导，有助于提高城市规划的科学性和可持续性，进一步提升城市的运行效率和居民的生活质量，为城市的发展提供科学的数据支持和决策依据，促进智慧城市的建设和可持续发展。

城市大脑的全域视角超越了单一区域或部门的限制，将整个城市作为一个整体进行观察和管理。它能够跨越不同部门和领域的界限，帮助识别和解决跨部门、跨领域的综合性问题，促进各部门之间的协同合作，实现资源的共享和优化利用，提升城市整体的运行效率和发展质量。

传统的城市管理往往是由不同部门独立负责的，各个部门之间信息孤岛、数据孤立现象严重，导致决策和资源分散、碎片化。城市大脑的全域视角通过整合各部门和各领域的数据与信息，实现了信息的共享和交流，消除了信息孤岛、数据孤立的问题。城市大脑利用智能分析能力，能够识别出跨部门、跨领域的问题，如交通拥堵、环境污染、资源利用不均等，通过综合分析并提供解决方案，促进各部门之间的协同合作，实现跨部门的协同治理和资源优化配置。例如，在交通管理方面，城市大脑可以整合交通、城市规划、环境等多个部门的数据，分析交通流量、道路状况和环境影响，从而提供综合的交通优化方案。这样不仅可以缓解交通拥堵，提高交通效率，还可以降低环境污染，并优化城市的规划布局。

城市大脑能够为城市的规划和发展提供战略性指导，满足城市的需求和发展目标。城市大脑基于全局视角，通过收集和整合大量的数据，能够全面了解城市的运行状态和发展趋势，为决策者提供准确的信息和洞察。

同时，城市大脑具备全流程视角的监督和管理能力，能够实时追踪和监测城市事件的发生与处理过程。这种全方位的监控使城市能够及时应对日常运营和突发事件，实现多部门业务的协同和应急指挥的一体化联动。这对于提高城市的运行效率和应急响应能力至关重要。城市大脑作为一个综合管理和决策支持工具，不仅能够提升城市的整体竞争力和可持续发展能力，还能够提高城市的管理效率和质量。通过数字化保障和智能化决策支持，城市大脑能够为城市的安全和稳定运行提供可靠的支撑。

城市大脑是以整体城市的视角为基础的复杂系统，克服了传统行业信息化系统的局限性，并形成了城市运行指标体系。相比于仅解决特定领域问题的系统，城市大脑具备更广泛的应用范围和更全面的数据视角。

作为城市数字化转型的核心要素，数据在城市运行和管理中起着至关重要的作用。城市大脑通过汇集政府、企业和社会等各方的全量数据，构建了城市数据资源体系，并将各领域应用系统的业务相互关联和融合，从城市全局角度展示动态的城市运行特征。这种综合性的数据分析和展示能力为挖掘与洞察城市多领域数据背后的内在规律、推演与预测城市发展趋势提供了重要的支持及“生产资料”。

通过城市大脑的综合分析能力，决策者可以更好地理解城市的运行情况并做出相应的决策。基于城市大脑提供的全面数据和洞察力，政府和企业能够制定更准确的城市规划与发展战略，提高城市管理的效率和质量。与此同时，城市大脑也为公众提供了更多参与城市治理的机会和渠道，促进城市的可持续发展和共享发展，为城市数字化转型提供重要支持，推动城市的智能化与数字化进程。此外，城市大脑作为一种综合性的信息化系统，以整体城市级视角为基础，通过数据的汇集、分析和展示，为城市的运行和管理提供各个方面的支持，以及可靠的、基于大数据的技术支撑。城市大脑的出现不仅能够解决特定领域的问题，还能够应对城市的综合性、交叉性问题，推动城市的可持续发展。

2.2.2 覆盖感知、认知和执行的智能全过程

城市大脑的感知、认知和执行能力可以为城市的发展与改善提供重要支持。感知智能使城市大脑能够实时监测和分析城市内外的多种数据，从交通流量到环境质量再到社会活动趋势。这种高度精准的感知能力不仅依赖先进的传感器网络和监测设备，还依赖人工智能和大数据分析技术的整合应用。通过感知智能，城市大脑能够快速识别和响应各种城市挑战与变化，帮助城市管理者做出更精准的决策，同时提升市民的生活质量和支撑城市的可持续发展。利用深度学习、机器学习等技术对数据进行分析，从海量的信息中提取出有价值的知识和洞察。基于这样的认知过程，城市大脑能够准确识别交通拥堵、环境保护和其他城市挑战等问题。这种智能化认知的结果为城市决策者提供了有力的支持。例如，可以构建模型和算法对城市状况进行评估与预测，从而有效定位和解决问题，满足需求。通过分析历史数据和实时数据之间的差异，城市大脑能够演算出最佳的交通优化方案、合理的城市规划及低碳环保措施，从而实现智能决策。此外，城市大脑能够模拟和评估不同的决策方案，预估其对城市的影响，然后选择最佳决策方案。通过将智能决策转化为具体的行动指令，城市大脑能够确保决策付诸实施。城市大脑的智能化能力与城市管理者和决策者紧密合作，可以提高城市运行效率，优化资源利用，实现城市可持续发展。城市大脑能够辅助城市管理者更全面、更准确地了解城市的状况、问题和需求，从而使其做出更明智的决策和采取相应的行动。

1. 感知智能

在感知智能方面，城市大脑利用物联网感知、视频监控、智能化报警、人机交互等技术，通过巡查上报和市民参与等多种方式，拓展了感知对象的形式和途径，包括语音、文本、视频等，从而全面感知城市的状态和环境变化。

物联网感知技术是城市大脑实现全面感知的重要手段之一。基于物联网设备的连通性，城市大脑可以获得来自城市各个领域的数据。交通、环境、能源、天气等方面的数据被实时感知并传输到城市大脑，这些数据反映了城市的状态和运行情况，并为决策支持和资源调度提供了重要的依据。视频监控技术在城市大脑的感知能力中也起到了关键作用。通过在城市各处布设摄像头和视频监控系统，城市大脑能够实时获取城市中的图像和视频数据。通过智能分析和处理，这些数据可以帮助城市大脑监测交通状况、治安情况等，并及时发现潜在的问题和风险。视频监控技术的应用不仅提升

了城市的安全性，也为城市大脑提供了重要的数据源。智能化报警系统是城市大脑感知智能的重要组成部分之一。市民或专业技术人员的报警信息可以以文本、语音等形式通过智能化报警系统及时传达给城市大脑。通过对这些信息的处理和分析，城市大脑能够快速判断和响应，提供及时的援助和解决方案。智能化报警系统的应用使城市大脑能够更加敏锐地捕捉到紧急情况，提高城市的安全性和应急响应能力。人机交互技术是城市大脑感知智能的另一个重要方面和特色。城市大脑通过与市民和专业技术人员的互动，收集他们的反馈和意见，更好地了解城市的实际情况和需求。市民可以通过手机 App、网页等方式与城市大脑进行交互，提供意见和建议。同时，专业技术人员也可以通过移动设备上报身边发生的事情，将信息实时反馈给城市大脑。这种互动机制使城市大脑能够更加精准地了解市民需求，为城市规划、管理和决策提供更有针对性的支持。

2. 认知智能

在认知智能方面，城市大脑充分利用大量的结构化数据和非结构化数据，并通过创新算法和模型的应用进行数据分析与理解。这些数据包括来自各个领域的信息，如交通流量、环境指标、人口分布和社会经济数据等。城市大脑运用机器学习等技术进行自主迭代训练，自动更新算法模型，从而从数据中获取洞见和知识，并不断提升城市的认知水平。

城市大脑通过收集和整合各种数据建立对城市的认知。经过处理和分析，城市大脑能够识别这些数据中的隐藏模式、趋势和关联性。通过深入研究这些数据，城市大脑能够形成对城市的认知，了解城市的运行状况、发展趋势和问题所在。在认知过程中，城市大脑依靠创新的算法和模型来处理数据，以实现对城市的深层次认知。这些算法和模型可应用于数据挖掘、机器学习、深度学习等领域。通过对大数据的分析和建模，城市大脑能够揭示出隐藏在数据背后的规律和关系。这些算法和模型的应用使城市大脑能够自动提取数据中有价值的信息，进一步加深对城市的认知。在此基础之上，城市大脑具备自主迭代训练、自动更新算法和模型的能力，这使它能够不断提升自身的认知能力，根据反馈信息进行自主学习，利用新的数据、知识对算法和模型进行优化与改进，以适应城市的动态变化。这种自主迭代和自动更新的能力有助于城市大脑不断提高自身的认知能力与智能水平，使其更好地理解和应对城市的变化和需求。综上所述，在认知智能方面，城市大脑通过充分利用大量的结构化数据和非结构化数据，运用智能算法和模型进行分析与理解，从数据中获取见解和知识，更好地理解城市的运行状况和发展趋势，并为城市规划、决策和管理提供有力支持。

3. 执行智能

在执行智能方面，城市大脑作为一个智能系统，具备广泛的能力，可以智能分析和预测城市态势。通过利用已有的数据和模型进行智能分析，城市大脑能够准确地预测城市的发展趋势，并根据需要对模型进行修正和优化，以更好地反映城市的实际情况。

城市大脑通过智能分析算法对城市数据进行深入研究，探索其中的模式和关联性。通过这种智能分析，城市大脑能够预测城市的发展趋势，如人口增长、经济发展、城市扩张等方面的变化。这些预测结果对城市规划者和决策者具有重要意义，可以帮助他们更好地了解城市的未来发展方向，并根据预测结果做出相应的决策。在预测城市发展趋势的基础上，城市大脑还能够进行智能规划，指导城市的发展。城市大脑根据预测结果和目标要求，生成合理的规划方案，这些规划方案涉及城市的多个方面，如土地利用、交通规划、环境保护等。通过这种智能规划，城市大脑致力于实现城市的可持续发展和提高居民的生活质量。城市大脑不仅具备预测和规划能力，还能够实现智能的决策执行。基于分析结果，城市大脑可以发布执行指令，实现自动化的决策执行。例如，在交通管理方面，城市大脑可以通过智能交通信号灯系统自动调整信号配时，以优化交通流量、缓解交通拥堵。这种自动化的执行能力能够提高城市交通系统的效率和流畅度，为居民提供更好的出行体验。城市大脑还通过人机交互的方式与决策者进行交互和协同，共同制定和实施决策。决策者可以通过与城市大脑的互动，获取最新的数据和分析结果，并根据需要进行决策调整和优化。这种人机交互的合作模式有助于将决策者的专业知识和城市大脑的智能分析结合起来，共同制订更具实效的决策方案。

2.2.3 以技术融合推动城市管理模式变革

城市大脑作为各地技术融合创新的试验场，通过对城市数据进行深度采集、挖掘和治理，将云计算、大数据、人工智能、空间地理信息等技术应用进行充分融合，从而形成一系列与城市治理相关的应用，如城市运行管理的“一张图”和城市运行指挥的“一键调度”。通过将各个部门的数据整合到统一的平台上，城市大脑可以形成城市运行管理的“一张图”，实时展示城市的各项指标和数据，决策者可以一目了然地了解城市的运行状况，及时发现问题并采取相应的措施。城市大脑还能够进行城市运行指挥的“一键调度”，通过智能算法和模型，对城市运行进行优化和调控。例如，在交通管理方面，城市大脑可以通过智能交通信号灯系统自动调整信号配时，以优化交通流量、缓解交通拥堵。

城市大脑的应用实现了城市数据的融合共享和城市管理业务的整合，通过整合来自不同部门和领域的数据，城市大脑能够提供全面准确的城市信息，帮助决策者更好地了解城市的状况和问题，还能够将分散的城市管理业务整合起来，实现信息的高效流转和资源的有效配置。这种数据融合和业务整合的能力有助于提高城市管理的效率与水平。

此外，城市大脑的应用将推动政府机构的改革和职能部门的流程再造。过去，不同的政府部门和职能部门通常独立运作，信息孤岛和部门壁垒导致信息共享与协同决策存在困难，而城市大脑的应用能够打破这种局面，促进各个部门之间的合作和协同，政府机构能够更好地获得全局性的城市信息，实现部门之间的协同工作，推动政府机构的改革和职能部门的流程再造，实现政务信息的互联互通和部门间的协同工作，提高政府内部的信息共享和协作效率，促进政府机构的改革和转型，使之更加适应信息化时代的发展需求，提升政府的治理能力和服务水平。

城市大脑的建设不仅可以提升城市管理的效能，还可以让城市治理更加精细。随着新兴信息技术手段不断深入城市管理应用场景，城市大脑不断融合新技术，辅助城市管理的科学化决策。这种融合让城市管理者能够更好地了解城市的运行状况，快速掌握城市问题的本质和发展趋势，从而制定出更加精准、有针对性的治理策略。城市大脑的发展也带来了数据的丰富和技术的融合，将助力城市打造分级管理、上下衔接的城市综合服务体系，为市民提供更多便捷的公共服务。通过城市大脑，政府可以更好地掌握市民的需求和诉求，提供更加个性化、高质量的公共服务。例如，市民可以在线缴费、办理政务手续、查询不动产信息等，无须排队等待，从而节省时间和精力。同时，企业能够通过城市大脑获得更便捷的企业管理服务和政府扶持政策，促进自身的发展和创新。城市大脑的发展不仅促进了公共服务的便利化，还提升了城市的治理能力和精细化管理水平。通过城市大脑，政府可以实时监测和分析城市的各类数据，包括环境质量、能源消耗等方面的精细数据。例如，在环境保护方面，城市大脑可以监测空气质量指数，及时预警并采取相应的减排措施，保障市民生活环境的质量。此外，通过城市大脑，政府可以实现各类数据的实时监测和分析，利用人工智能技术进行智能预测和优化决策。例如，在应急管理方面，城市大脑可以通过智能分析和预测，提前发现潜在的风险和突发事件，并提供相应的应对方案，提高城市的抗灾能力。

2.2.4 以业务协同和数据融合支撑场景落地

城市大脑作为智慧城市的核心基础设施，具备业务协同和数据融合的能力。它的建设目标是将分散在城市各个政府部门和社会组织中的线下数据转化为具有协同作用的线上数据，从而解决阻碍跨层级、跨系统、跨部门、跨业务协同指挥调度的问题。在过去的城市管理中，各个政府部门和社会组织之间的数据往往是分散的、不互通的，这造成了所谓的数据孤岛，不同部门之间难以共享数据，互相之间缺乏有效的协同工作，导致城市管理效率低下。城市大脑通过数据融合，将这些分散的数据整合到一个平台上，实现了数据的共享和互通，不同部门之间的数据可以互相关联，形成更全面、更准确的信息。城市大脑还实现了应用系统的互联互通。在传统的城市管理中，各个部门往往使用不同的信息系统，这些系统之间缺乏有效的连接和交互。这导致了信息的割裂和冗余，增加了管理成本和工作复杂度，而城市大脑通过技术手段，将这些应用系统进行互联互通。不同部门之间的信息能够实时共享，工作流程更加协同高效，这不仅提高了政府部门的工作效率，也为市民提供了更便利的公共服务。城市大脑还可以实现多部门之间的业务流程协同。在城市管理中，不同部门之间通常需要进行协作协调，以应对各种问题与挑战。然而，由于存在信息孤岛和系统短板，部门之间的协同往往面临困难。城市大脑能够有效整合各部门的数据和资源，促进业务流程的协同作业，确保不同部门之间共享信息与联合决策，提高解决问题的效率和质量。

城市大脑作为智慧城市建设的重要组成部分，具备数据一体化和业务支撑一体化的能力。在数据一体化方面，城市大脑以市-区/县-街道/乡镇为部署架构，利用多级数据汇聚的能力，将来自各个层级的数据进行集中汇聚，形成全面而准确的数据集合，实现数据的整合与共享，从而消除了数据孤岛的问题。同时，城市大脑还具备数据多级碰撞的能力，即通过智能算法的支持，不同级别的数据能够进行交叉分析和综合，从而产生新的数据集合，为决策提供准确的数据支持。在业务支撑一体化方面，城市大脑覆盖了城市发展的宏观、中观和微观层面，为各级城市管理提供全面支持。在宏观层面，城市大脑可以将城市发展战略和动态运行情况进行逐层分解，构建城市运行指标体系，这样的指标体系能够反映城市的运行状态和趋势，协助城市管理者制定科学合理的发展战略和政策；在中观层面，城市大脑致力于解决跨部门、跨领域、跨层

级的城市治理专项问题，通过整合各个部门的数据和资源，城市大脑能够提供更加综合和协同的解决方案，提高问题解决的效率和质量；在微观层面，城市大脑关注解决生活中的实际问题，以城市治理和城市运行中出现的一些精细化场景为切入点。例如，针对交通拥堵、空气质量等与人们的生活息息相关的实际问题，城市大脑可以通过数据分析和预测，制订针对性的解决方案，提升市民的生活质量。

2.2.5 智能应用赋能城市大脑自我演进

随着大数据、人工智能、物联网、5G 等技术的快速发展，城市大脑的支撑能力不断增强。这些技术的应用使城市数据资源不断积累，城市管理的需求不断改变，城市场景也趋于复杂化。在现有行业信息化系统的基础上，城市大脑以全面的感知智能、认知智能等智能化服务，为城市管理和城市发展赋能，提供多维度、多层级、多粒度的城市智能化应用服务，旨在提升城市的智慧化水平，使城市运行更加高效、管理更加便捷。

技术的创新发展是城市大脑自我演进的基础动力。大数据技术的不断进步使城市大脑能够处理和分析更庞大的数据量，从而提供更准确、更全面的数据支持。人工智能技术的应用使城市大脑能够自动化地进行数据处理和决策推断，从而提高城市管理的智能化水平。物联网技术的发展使城市大脑能够实现与城市中各种设备和感知器件的连接与互动，从而实现对城市各个方面的实时监测和控制。5G 技术的快速普及则为城市大脑提供了更快速、更可靠的数据传输和通信能力，从而提高城市大脑的响应速度和处理效率。

应用的智能化是城市大脑自我演进的基础。基于创新技术的智能应用将逐步集成到城市的各个应用场景中。在交通领域，城市大脑可以通过智能交通系统实现交通信号的智能控制和优化，从而缓解交通拥堵、提高交通效率。在环境领域，城市大脑可以通过环境监测设备和智能算法，实时监测和预测环境污染情况，并提供相应的治理方案。在公共安全领域，城市大脑可以通过智能监控设备和人脸识别技术，实现对城市安全风险的实时监测和预警。在城市规划领域，城市大脑可以通过虚拟仿真技术和智能算法，帮助城市规划者进行规划布局和决策，优化城市的空间结构。

随着智能应用在城市治理中的广泛应用，海量数据成为城市的无形资产。这些数据中包含丰富的城市运行和管理信息，通过对这些数据的挖掘和分析，城市大脑能够不断更新、发布和上线智能化服务，实现城市资源的高效调度和组合，进一步提升城市的服务能力，以满足不断变化的用户需求。这种发展使城市大脑能够与城市未来的发展和管理治理趋势相契合，从而具备提供差异化精准服务的能力。例如，城市大脑的智能应用可以让人们动态掌握当前道路的运行情况，通过对交通数据的分析和预警，实现对公共交通运行指数的评估。这一功能可以帮助城市管理者及时了解交通状况，制定相应的交通调控措施，提高公共交通工具的运行效率，缓解交通拥堵问题。

这些智能应用的实现离不开城市大脑对海量数据的处理和分析能力。城市大脑借助智能算法和机器学习技术，能够从海量数据中提取出有价值的信息，进行数据挖掘和分析，为城市管理者和决策者提供准确的决策依据。同时，城市大脑能够将不同类型的数据进行关联和融合，形成全面而综合的视角，帮助城市管理者和决策者理解城市的运行状况和问题，并提供相应的解决方案。

2.3 城市大脑与相关概念之间的关系

近年来，随着智慧城市建设的深化和加速，城市大脑及其衍生的相关概念不断出现，并出现在各类政府文件、宣传报道或研究报告之中，概念的丰富对于解释新事物、推动新质生产力发展能够起到一定的促进作用，但是与之伴随的概念混淆混用也对形成统一认识、引导行业规范发展造成了阻碍。根据调查研究，城市大脑与“一网统管”、城市运管中心、领导驾驶舱、城市数据大脑、行业/产业大脑等概念具有较强的近似性，厘清城市大脑与这些概念之间的关系是当务之急。本书运用比较研究的方法，从数据、技术、业务、建设、价值等特征层面展开对城市大脑与相关概念的辨析。

2.3.1 城市大脑与“一网统管”

1. “一网统管”的概念

“一网统管”的概念源于上海市在城市管理精细化工作中的经验总结。2019 年年初，上海市委、市政府聚焦城市管理提出“一屏观天下、一网管全城”的目标要求，在全市层面规划了城市运行“一网统管”的雏形。同年 11 月，习近平总书记在上海考察期间指出，抓好政务服务“一网通办”、城市运行“一网统管”，并将“两张网”建设作为提高城市现代化治理能力和水平的“牛鼻子”工程。“一网统管”概念迅速传播发酵。2020 年以来，“一网统管”频繁出现在各级政府发文中，中央和地方政府陆续出台相关政策、规划及行动计划，支持加快推进“一网统管”建设。“一网统管”实现了从上海探索到全国创新实践，已成为“十四五”期间我国推进新型智慧城市建设、提升城市治理智能化水平的重要内容。

“一网统管”是以实现城市治理体系和治理能力现代化为目标，以理念、技术、机制和组织协同创新为主线，通过先进的平台技术手段、配套的体制机制变革、完善的规章制度，宏观上面向经济、政治、文化、社会、生态文明“五位一体”各领域的政府管理服务，微观上聚焦城市治理多跨事件，形成的横向跨部门协同、纵向跨层级联动的现代化城市治理模式。

2. 比较分析

城市大脑与“一网统管”在推动智慧城市建设中扮演着关键角色，且关系耦合紧密。城市大脑作为智慧城市的智能中枢系统，通过一体化运用先进的信息技术，对城市运行的各种数据进行实时采集、智能分析和处理，以提升城市管理的智能化水平。“一网统管”是一种治理模式，通过整合城市各治理系统的业务平台、管理全域的实体中心、整合治理力量的协同模式及“高效处置一件事”，推进政府在理念、结构、流程、效能和监督方面的全面再造，实现城市治理的高效协同和资源共享。具体而言，城市大脑与“一网统管”之间的关系比较分析可以从以下几个层面展开。

（1）数据层面。城市大脑通过全面汇总整合、打通融合全市各级各部门的海量城市运行数据，为城市治理“一网统管”提供了运行所需的数据支撑。城市治理“一网统管”的顺利运行依赖城市大脑提供的实时、全面、可用的数据资源，并通过数据的专题场景应用，实现跨部门、跨层级的数据共享和业务协同。

（2）技术层面。城市大脑建设形成的融合通信能力、空间治理能力、AI 算法组件等数智化能力，可以赋能城市治理“一网统管”实现一屏全观、一图感知、一网联通、一体联动的治理能力。同时，城市治理“一网统管”的全面深入推进反向促进了城市大脑技术能力的不断迭代升级。

（3）业务层面。城市大脑通过推出多跨场景的创新机制和联通全市各级各部门的业务系统，为城市治理“一网统管”中的业务协同提供了有力支持。城市治理“一网统管”的建设带动了业务系统自身的不断完善、业务系统之间的深度联通及业务融合型多跨场景的建设。

（4）建设层面。城市大脑的建设集中在智慧城市的信息基础设施、公共数据平台、算力资源池等底座，为整个城市的数字化发展提供技术基础和数据支撑。“一网统管”的建设侧重城市治理上层的应用场景和模式创新，使城市大脑的数智化能力转化为城市治理的监测分析、预测预警和科学决策等效能。

（5）价值层面。城市大脑和“一网统管”的最终目标都是提升城市治理的现代化水平，实现城市的可持续发展。城市大脑提供了技术和数据支撑，“一网统管”实现了这些技术和数据在城市治理中的高效应用。通过城市大脑和“一网统管”的创新融合，城市成为运用新技术、新模式解决治理问题的聚能平台，也成为通过解决新问题带动技术、模式创新的发展高地。

2.3.2 城市大脑与城市运管中心

1. 城市运管中心的概念

城市运管中心的概念尚未被严格界定，因此出现了城市运行（综合）管理中心、城市展示中心、城市指挥中心、城市大脑指挥中心等相关表述形式。2018 年 11 月，习近平总书记在视察上海浦东城市运行综合管理中心时指出，城市治理是国家治理体系和治理能力现代化的重要内容，一流城市要有一流治理，要注重在科学化、精细化、智能化上下功夫，既要善于运用现代科技手段实现智能化，又要通过绣花般的细心、耐心、巧心提高精细化水平，绣出城市品质品牌。习近平总书记的讲话指明了城市运管中心在城市治理现代化中的重要地位。中国信息通信研究院发布的《后疫情时代城市运行管理中心行业报告（2020 年）》提到，随着智慧城市的持续深化推进，城市运管中心持续演进，发展迅速，历经数字化、智能化、协同化 3 个阶段。在数字化阶段，侧重城市运行状态的常态化感知监测，对外表现为城市展示中心等。在智能化阶段，侧重智能决策分析、指挥调度，技术上更强调信息技术能力的复用和赋能，对外表现为城市指挥中心、城市大脑指挥中心等。在协同化阶段，侧重城市综合治理服务，技术上更强调人机交互、城市信息模型等，以及丰富的行业知识、模型库与业务流程密切结合。

城市运管中心是对城市运行管理实施统筹、协调、调度、监督的机构，重点围绕“高效处置一件事”，协调整合城市运行实时数据，监测分析城市运行态势，及时报告和分发处置，梳理优化事件处置流程，推动跨部门数字治理场景的创新应用，各区、各部门负责本区域、本行业的事件处置和指挥调度，完成城市运管中心派发的任务，实现一体高效协同联动，提高城市现代化治理效能。

城市运管中心的功能与作用主要体现在以下几个方面。一是数据收集与处理。城市运管中心通过各种信息系统和传感设备收集城市运行的各种数据，包括交通、环境、公共安全、公共服务等各个领域。二是数据分析与决策支持。城市运管中心通过数据分析，可以发现城市运行的规律和问题，并为决策者提供科学的决策支持。例如，通过交通数据分析，城市运管中心可以预测交通拥堵情况，并提出有效的解决方案。三是指挥调度与应急响应。城市运管中心通过统一的指挥调度系统，可以实现对城市各个部门和资源的高效管理。在发生突发事件时，城市运管中心可以快速响应，协调各方力量，有效处理各种突发事件。

2. 比较分析

城市大脑和城市运管中心共同构成了城市智能化管理体系，城市大脑通过整合城市各个业务部门和业务系统的界面、数据、服务、流程，实现了城市各系统在智能中枢平台上的互联共融，为城市运管中心提供了智能化的决策支持和服务优化的工具。城市运管中心在集成调用城市大脑综合支撑能力的基础上，配备大屏、桌面终端、移动终端等多种终端设备，以及会议设施、网络设施、融合通信设备等各类信息化系统和综合性办公场所，能够最大化地发挥城市大脑的数据与技术效能、输出数智治理能力，支撑城市的指挥管理工作。具体而言，城市大脑与城市运管中心之间的关系比较分析可以从以下几个层面展开。

（1）数据层面。城市大脑基于智能中枢的连接能力为城市运管中心提供了数据采集、数据汇聚、数据处理等数据支撑能力。城市运管中心通过集中式综合性信息化系统的建设，带动了多源数据集成应用，同时在城市运行管理过程中不断生成、沉淀丰富的业务场景数据，反哺城市大脑数据资源体系的更新与建设。

（2）技术层面。城市大脑侧重云计算、大数据、人工智能、区块链等新兴信息技术的集成建设，能够为城市运管中心提供算力、算法、模型等方面的赋能。城市运管中心侧重大屏设备、会议设施、网络设施、融合通信设备、指挥设施等硬件设施的集成建设，以实现对城市大脑技术能力的集成调用。

（3）业务层面。城市大脑重点关注通过大数据分析和人工智能技术，对城市运行状态进行深入理解，为城市管理者提供智能化的决策支持。城市运管中心侧重通过对城市各个部门业务和资源的高效管理与协同，实现指挥调度和应急响应等功能。

（4）建设层面。城市大脑的建设侧重形成智能化的通用技术支撑能力，相对而言，数据治理、计算和算法模型是建设重点。城市运管中心的建设侧重形成信息化的业务指挥控制协同能力，相对而言，可视化展示、通信、商务智能、指挥控制是建设重点。

（5）价值层面。城市大脑和城市运管中心相辅相成、相伴相生、共同演进。城市大脑和城市运管中心联动建设，能够形成数实融合的城市治理能力。城市大脑作为城市运管中心的核心智能中枢，为城市管理者提供了更加智能化和精细化的决策支持与管理手段。城市运管中心通过全面表征城市运行的实时状况，并进行实时监测预警和指挥调度，能够及时解决城市运行中的各种问题，成为提高城市管理效率和效果、提升公共服务质量、提高城市应急响应能力的重要抓手。

2.3.3 城市大脑与领导驾驶舱

1. 领导驾驶舱的概念

随着信息技术的快速发展，特别是随着大数据、云计算、物联网等技术的应用，领导驾驶舱的概念和实践不断演进。领导驾驶舱的应用范围广泛，包括但不限于企业、智慧城市发展、国际贸易单一窗口等，而本书讨论的是面向智慧城市应用的领导驾驶舱。

领导驾驶舱由城市大脑数字驾驶舱演变而来。2019 年 9 月，杭州城市大脑“数字驾驶舱”正式上线运行，标志着城市大脑的框架进一步明确。自 2021 年 3 月起施行的《杭州城市大脑赋能城市治理促进条例》明确提到，数字驾驶舱是城市大脑的组成部分，是通过中枢数据协同后形成的智能化、精细化、可视化的数字界面。

由此可见，领导驾驶舱是依托城市大脑中枢算力支撑的重要人机接口和面向管理者打造的展示平台，能够综合感知和处理城市运营中的各种数据，帮助打破政府各部门之间的数据壁垒，实现各部门政务数据的融合汇聚、横向贯通，通过构建城市运行指标体系，实现对城市运行情况全时段、全方位的监测，客观、全面、多维度地展示城市的运行状况，并进行预警、预测和科学处置。领导驾驶舱是城市大脑建设真正发挥“大脑”习得、思考、分析能力的核心关键，有助于城市管理者全方位把控城市运行状态，能够更好地辅助“一站式”管理决策。

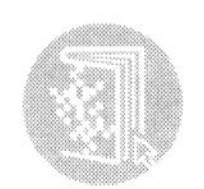

领导驾驶舱的功能与作用主要体现在以下几个方面。一是呈现实时信息。领导驾驶舱提供实时或近实时的信息，帮助城市管理者第一时间了解城市运行的真实状态。二是表征关键指标。领导驾驶舱通常聚焦于关键指标的表征，这些指标可以综合、直观地反映出城市运行的状况。三是数据可视化。领导驾驶舱通常会以图形化的方式展示数据，使城市运行信息更易于被理解和使用。四是决策支持。领导驾驶舱可以提供数据分析、预测和推演等决策支持，能够帮助城市管理者做出数据驱动的更优决策。

2. 比较分析

城市大脑与领导驾驶舱互联互通、相辅相成，两者的协同作用逐渐成为推进城市数字治理的重要手段。城市大脑的建设和迭代优化可以为领导驾驶舱提供更丰富、更准确的数据资源与技术能力，实现数据的有效应用和管理决策的智能化，而领导驾驶舱的有效应用又能促进城市大脑功能的提升和完善。通过应用领导驾驶舱，城市大脑可以更好地识别和解决城市治理中的问题和挑战，进而指导城市大脑在数据治理、应用场景推进等方面进行优化和创新。具体而言，城市大脑与领导驾驶舱之间的关系比较分析可以从以下几个层面展开。

（1）数据层面。城市大脑通过数据感知、处理和联通等手段，汇聚治理城市各方面的数据。领导驾驶舱基于城市大脑所提供的数据，实时监测和分析城市的运行状况，为城市管理者提供决策支持、资源引导和政策制定等关键信息，同时过程数据和决策信息可用于丰富城市大脑的历史数据集。

（2）技术层面。城市大脑侧重对混合计算、大数据、智能引擎等底层技术进行融合，形成赋能底座。领导驾驶舱侧重城市大脑底层技术调用，以及指标管理、权限控制、可视化开发、规则引擎配置等应用技术开发，实现对数据的自定义灵活运用。

（3）业务层面。城市大脑通过接入城市各部门、各层级现有系统和平台的应用程序接口（Application Program Interface，API），形成跨部门、跨区/县的业务系统，构建统一的政府服务网、数据网。领导驾驶舱将城市运行核心系统的各项关键数据通过人工智能转换成直观的几何图形、图表或其他直观形象的形式，并生成多个指数，展示在同一个大屏上，清晰有效地传达信息，帮助城市管理者做出更准确、更高效的决策。

（4）建设层面。城市大脑的建设强调形成城市数字治理的支撑能力，重点建设计算平台、中枢系统、算法库、模型库等内容。领导驾驶舱的建设强调形成支撑决策的数字化界面能力，重点建设市级领导驾驶舱、区/县领导驾驶舱、部门领导驾驶舱、街道领导驾驶舱等。

（5）价值层面。城市大脑是城市数字治理之体，领导驾驶舱是城市数字治理之用。城市大脑蕴含的数智化治理价值通过领导驾驶舱的应用得到体现，领导驾驶舱的治理决策辅助价值通过城市大脑的支撑得到实现。城市大脑与领导驾驶舱共同作用，能够推动城市管理者形成“用数据说话、用数据决策、用数据管理、用数据服务、用数据创新”的治理新模式。

2.3.4 城市大脑与城市数据大脑

1. 城市数据大脑的概念

城市数据大脑的概念最早可以追溯到 2016 年。2016 年 10 月，杭州向全球宣布启动城市数据大脑建设，并于 2018 年出台《杭州市城市数据大脑规划》，同时将城市数据大脑定义为：一个按照城市学“城市生命体”理论和“互联网+现代治理”思维，创新运用大数据、云计算、人工智能等前沿科技构建的平台型人工智能中枢，能够整合汇集政府、企业和社会数据，在城市治理领域进行融合计算，实现城市运行的生命体征感知、公共资源配置、宏观决策指挥、事件预测预警、“城市病”治理等功能。

《中华人民共和国国民经济和社会发展第十四个五年规划和 2035 年远景目标纲要》提出了构建城市数据资源体系、推进城市数据大脑建设的重要目标。这反映了政府对数字化和智能化城市管理的重视，并将其作为未来城市发展的重要方向之一。同时，国家发展改革委、国家网信办等四部委联合印发的《全国一体化大数据中心协同创新体系算力枢纽实施方案》也明确指出，开展一体化城市数据大脑建设，为城市产业结构调整、经济运行监测、社会服务与治理、交通出行、生态环境保护等领域提供大数据支持。

综合来看，城市数据大脑是利用大数据、云计算、人工智能、物联网等新兴信息技术来提升城市治理现代化水平的数据系统。城市数据大脑通过整合和共享城市运行中产生的大量数据，优化城市公共资源配置，提高城市运行效率，解决城市治理过程中的复杂问题，满足市民多样化的需求。

城市数据大脑的功能与作用主要体现在以下几个方面。一是城市数据大脑强调城市数据资源的整合与开发，并融合数据、算力和算法，成为将城市数据资源转化成数据资产的数字基础设施。二是城市数据大脑强调数据的汇聚、治理和融合，为城市管理和发展提供更有效的支撑。三是城市数据大脑强调数据的分析和应用，利用先进的算法和技术对数据进行挖掘分析，为城市决策提供科学的依据和指导。

2. 比较分析

城市大脑与城市数据大脑概念相似，但侧重点不同。城市数据大脑强调数据资源及其利用的重要性，城市大脑则更多地强调支撑城市治理实现智能化。城市数据大脑作为城市数据资源及其管理的基础设施，能够为城市大脑提供体系化的数据资源和一体化的数据底座，城市大脑在此基础上，叠加先进的算法、模型、组件等技术，进而为开展多跨协同的城市治理应用提供高效的数据服务和技术能力。实际上，在推动城市数字治理过程中，两者相辅相成。城市数据大脑作为数据资源方面的基础支撑，城市大脑作为更加综合的通用支撑，两者共同构建了城市治理智能化的框架，推动城市管理和服务的现代化。具体而言，城市大脑与城市数据大脑之间的关系比较分析可以从以下几个层面展开。

（1）数据层面。城市大脑与城市数据大脑都注重数据资源的整合和应用。但是，城市大脑强调数据资源的治理和应用，通过整合治理政府、企业和社会的数据，实现数据资源的全面共享、高效开发和应用赋能。城市数据大脑强调城市数据要素的全过程、全方位汇聚与流通，旨在推动城市数据资源化、资产化、资本化，以满足不同层面的城市数据应用需求。

（2）技术层面。城市大脑与城市数据大脑都需要综合运用大数据、云计算、人工智能、区块链、数字孪生等新兴信息技术。但是，城市大脑更加注重数字资源与数据资源及两者各自对应技术的协同开发。换言之，城市大脑除具备城市数据大脑对应的“数据+”技术体系外，还要在大模型、元宇宙、量子计算等通用技术方面锻造能力。

（3）业务层面。城市大脑与城市数据大脑都依托联通汇聚的城市数据资源，支撑开展场景化业务应用，间接实现对城市运行状态的全局分析与公共资源的有效调配。相比而言，城市大脑对城市治理业务创新的支撑是通过多跨系统协同和数据协同实现的，城市数据大脑则是通过一体化的大数据支持实现的。

（4）建设层面。城市大脑与城市数据大脑在建设内容方面具有很高的重合度。不同之处在于，城市大脑的建设目前缺乏国家级的顶层设计统筹，一般由各个城市自主谋划建设，城市数据大脑则由国家层面做出了一定的建设引导，即需要遵循全国一体化大数据中心协同创新体系的部署。

（5）价值层面。城市大脑与城市数据大脑在价值实现层面具有高度相似性，即强调充分利用城市数据资源，通过大数据、云计算、人工智能等技术实现对城市全域全要素的在线监测、智能分析、科学管理，进而推动城市高质量发展。两者的区别在于，城市大脑通过综合利用数据、算力和算法，对城市各个领域的数据进行汇聚和分析，实现对城市运行状况的全面监测分析、预测预警与战略管理。城市数据大脑通过一体化建设城市数据资源体系，更好地利用和管理数据资源，实现数据的共享交换、开放利用和流通增值。

2.3.5 城市大脑与行业/产业大脑

1. 行业/产业大脑的概念

随着智慧城市建设“三融五跨”推进路径的明确与践行，在城市内针对一个或多个领域，汇聚整合一系列相关应用，从多角度、多维度提供系统性、集成性服务的应用综合体建设成为主流，并逐渐演变形成行业/产业大脑的概念。例如，浙江省 2022 年数字化改革“最系列”成果，公布了发改大脑、产业大脑、公安大脑、司法大脑、财政大脑、人力社保大脑、水利大脑、城市交通大脑、市场监管大脑、医保大脑等一批行业/产业大脑。

当前，关于行业/产业大脑的实践正处于探索期，相关定义开始出现。例如，水利大脑被定义为水利高质量发展的动力源和能力集，是为实现“浙水安澜”提供决策支持的人工智能系统。其以算据、算法、算力为基础，集成水利模型、水利知识、业务智能模块等要素，支撑水利业务运行监测分析，具备预报、预警、预演、预案能力。浙江省 2022 年发布的《行业产业大脑建设指南》将产业大脑定义为通过加工政府、企业、行业等的数据，提炼生成工艺技术、运营管理、行业知识与模型等可重复使用的数字化基本单元，进而汇聚形成的知识中心。针对不同的应用场景，运用数字技术和网络，对土地、劳动力、资本、技术等要素进行跨组织、跨区域融合，构建个性化解决方案，更好地助力企业创新变革、产业生态优化、政府精准服务。城市交通大脑被定义为在大数据、云计算、人工智能等新一代信息和智能技术快速发展的大背景下，通过类人大脑的环境感知、行动控制、情感表达、学习记忆、推理判断、理解创造等综合智能，对城市及城市交通相关信息进行全面感知、深度分析、综合研判、智能生成方案、精准决策、系统应用、循环优化、创新发展，从而更好地实现对城市交通的治理和服务，破解城市交通问题并提供系统的综合服务。

综合来看，行业/产业大脑是专注于特定领域或细分行业的特定问题域，基于大数据、云计算、人工智能等新兴技术，为目标领域或行业构建的智能化服务体系，旨在通过对目标领域或行业数据资源进行深度挖掘和智能分析，提高目标领域或行业的治理质量、服务能级、监管水平和运营效率。

行业/产业大脑的功能与作用主要体现在以下几个方面。一是行业/产业大脑通过对领域或行业内各种数据资源的整合和分析，深入挖掘领域或行业发展存在的问题和机遇，提供相应的解决方案和决策支持。例如，在医疗行业，行业/产业大脑可以通过对患者数据和医疗记录的分析，提供个性化的诊疗方案和健康管理建议，提高医疗服务的质量和效率。二是行业/产业大脑可以帮助领域或行业内的机构、企业进行业务流程优化和创新，发现业务流程中的瓶颈和改进点，并提供相应的优化建议和创新方案。例如，在物流行业，行业/产业大脑可以通过对供应链数据和运输数据的分析，优化物流路径和配送计划，提高物流效率和成本控制能力。

2. 比较分析

城市大脑与行业/产业大脑之间的关系是一个典型的宏观与中观、整体与部分的关系，且都是在数字化背景下政府治理方式转变的重大创新，两者各有侧重。城市大脑一般被视为支撑数字经济、数字社会、数字政府协同联动发展的智慧城市综合性基础设施，通过提供共性、通用的资源与能力，助力提升城市运行质量和治理效率。行业/产业大脑一般被视为对城市交通、公共安全、环境、医疗、产业等垂直领域或行业进行赋能的智慧城市专题性基础设施，通过聚合、整合领域或行业内的数字资源与数据资源，提升目标领域或行业的治理与服务水平和发展质量。

城市大脑与行业/产业大脑之间存在紧密的联系和互补性，共同推动智慧城市的建设。城市大脑通过普遍提升城市治理能力和服务效率，不仅促进了城市各个行业的提质升级，还推动了城市产业结构升级，为行业/产业大脑的发展提供了良好的外部环境和基础设施支持。同时，行业/产业大脑为城市大脑提供行业或产业发展的细颗粒度数据与业务细致洞察，有助于城市管理者更加全面地掌握城市经济社会发展的生命体征，并采取更加科学合理的举措促进城市经济社会的高质量发展，形成良性循环。具体而言，城市大脑与行业/产业大脑之间的关系比较分析可以从以下几个层面展开。

（1）数据层面。城市大脑作为一个综合性的智能系统，旨在整合城市全局层面的各种数据和信息资源。行业/产业大脑则聚焦于特定行业的数据，侧重特定行业或产业内部的数据分析和智能决策。例如，交通行业大脑的数据可以帮助城市大脑优化交通管理和规划，而城市大脑的数据可以帮助交通行业大脑更好地理解城市层面的交通需求和变化。两者相互补充，城市大脑可以为行业/产业大脑提供宏观层面的政策支持和数据环境，行业/产业大脑则可以为城市大脑提供行业深度的数据支撑和应用场景。

（2）技术层面。城市大脑和行业/产业大脑都依赖大数据、云计算、人工智能等技术。城市大脑能够为行业/产业大脑提供城市共性、通用的技术支撑。在此基础上，面向城市交通、卫健、文旅、环保、公共安全等垂直领域的行业大脑需要集成运用本领域的特色算法、模型和感知物联技术；面向城市产业细分行业的产业大脑需要集成运用工业互联网、工业大数据、工业智能等技术。

（3）业务层面。城市大脑和行业/产业大脑在业务应用上互为补充又各有侧重。城市大脑作为跨部门、跨领域、跨层级融合的支撑性应用，更加关注城市的综合管理和社会治理，能够通过对跨领域、跨部门数据的综合分析和应用，实现城市运行的全局监测和决策支持，且具备信息调度、趋势研判、综合指挥、应急处置等功能，可用于组织、指导和协调各业务主管部门和基层单位协同开展工作。行业/产业大脑则更加专注于特定领域或行业的深度问题，通过对行业或产业内数据的深入分析和应用，为行业的决策和运营提供精准的指导，同时可以补充城市大脑在特定领域的功能。

（4）建设层面。城市大脑通常由城市政府或数据管理单位负责建设，建设内容强调通用技术支撑部分，建设资金主要来源于政府财政资金。行业/产业大脑则可能由领域内业务主管单位或行业内公共企业负责建设，建设内容强调个性业务应用部分，对以政府治理为主的行业/产业大脑而言，建设资金主要来源于政府财政资金；对以社会或市场服务为主的行业/产业大脑而言，建设资金可以来自政府财政资金、政府和社会合资资金或社会资金。

（5）价值层面。城市大脑旨在提升城市治理的整体水平，行业/产业大脑则专注于提升领域或行业的发展竞争力。两者在目标协同和发展方面的一致性，使它们在数据整合、功能互补、技术创新、组织结构和目标协同等方面都有着紧密的协同关系。两者通过深度融合，可以实现城市级业务流程的再造和优化，提升城市各部门和企业间的沟通协作效率，优化城市资源配置，改善民生服务，促进新业态和新模式的发展，推动经济的创新和城市的可持续发展。

第3章 城市大脑的建设现状

3.1 整体建设情况

城市大脑在治理海量数据、优化资源配置、提升治理能力、促进产业发展等方面表现出巨大的潜能，已然成为我国政府推进智慧城市建设的焦点。此外，城市面临的各类公共突发事件也让各级政府意识到数字化的迫切性和重要性，将城市大脑的理念提升到全局高度，以城市大脑统筹引领地方全域数字化发展。当前，我国城市大脑整体建设情况可概括为广泛推进、创新驱动、综合协同。

3.1.1 广泛推进：城市大脑建设遍地开花

1. 我国城市大脑建设已迈入全面加速的崭新阶段

城市大脑逐渐成为我国各地城市的“标配”，越来越多的城市开始构建或优化自己的城市大脑系统，形成了遍地开花的蓬勃景象。根据中国政府采购网、采招网等招投标网站的信息，近年来我国城市大脑项目的招标情况呈现出活跃且竞争激烈的态势，多个城市和区域纷纷启动了城市大脑的建设项目，并通过公开招标的形式吸引技术服务商和解决方案提供商参与。随着技术的进步和政策的推动，预计未来几年内将有更多项目涌现。

2. 城市大脑建设呈现“多点探索、全面铺开”的发展格局

自 2016 年杭州在全国率先提出建设城市大脑以来，上海、深圳、北京等地区纷纷开启城市大脑推进工作，这些优先探索的“点”，基于各自良好的基础和条件优势，进行技术应用的可行性和效果验证，向其他地区输出了经验启示。在“点”上取得成功经验后，越来越多的城市加紧城市大脑的布局与建设，城市大脑的建设普及率不断提高，从一线城市到中小城市，乃至部分区/县，城市大脑的触角深入到了城市管理和居民生活的方方面面。

3.1.2 创新驱动：城市大脑建设已成为技术融合创新的试验场

1. 技术进步助推城市大脑持续迭代升级

城市大脑建设是一项开创性、探索性工程，作为城市治理的全新工具，其高度依赖数字技术的运用。在建设初期，各城市通常选取具有代表性的区域或特定领域作为试点，如智慧交通、智慧安防、智慧环保等关键领域。随着人工智能、云计算、大数据等技术的成熟，各地城市大脑的建设开始从单个应用场景扩展到城市运行的全方位、全领域。

2. 城市大脑正面临新一轮创新升级机遇

当前，随着新一轮科技革命和产业变革的加速演进，发展新质生产力成为激发经济社会发展内生动力的必由之路。数字化建设与新质生产力相互促进、共同发展。在新质生产力的推动下，“人工智能+”与“数据要素×”为数字化转型带来了新机遇，加速了城市大脑解决方案的迭代升级和规模化复制。人工智能的兴起和发展，尤其是大模型技术的突破，为城市大脑的演进与革新带来了前所未有的推动力。目前，多地开展了基于大模型的城市大脑升级探索。例如，浙江省杭州市于 2023 年发布《杭州城市大脑 2.0 大模型任务计划》，旨在打造“更聪明、更智慧、更高效”的城市大脑；北京市海淀区城市大脑相关应用平台相继接入了语言模型，结合业务需求的紧迫性，

先行先试为公众提供更加快捷、高效的处理服务；四川省达州市招标完成城市大脑二期建设项目，探索政务大模型建设应用；等等。技术创新不仅为城市大脑提供了强大的技术支撑，更是推动城市治理模式向更加智慧、高效、人性化方向发展的关键驱动力。伴随着一个又一个城市大脑创新典范的诞生，我国城市大脑建设迈向了新的高度。

3.1.3 综合协同：我国城市大脑建设已形成体系化推进态势

我国城市大脑建设已不再是孤立的项目，而是逐渐形成了一套涵盖数据融合、业务协同、产业联通等多方面的综合体系，正稳步迈向更加智慧、高效、可持续的城市发展新模式。

1. 数据融合

在数据融合方面，城市大脑以信息共享、互联互通、深度整合为重点，打破了过去的信息孤岛，通过整合政府、企业和社会的数据资源，最大限度地发挥数据要素资源的价值。多地区以城市大脑为抓手，夯实城市数据基础。城市大脑项目的建设重点在于构建大数据中心、城市数据中台和数字城市运营中心等基础设施，实现数据的整合、共享与分析，为城市管理提供决策支持。

2. 业务协同

在业务协同方面，城市大脑探索初期，其应用场景往往聚焦于某个行业领域，如在交通管理、公共安全、环境保护、政务服务等领域实现创新应用。伴随着我国政府数字化建设全面呈现一体化发展态势，城市大脑着力突破区划、部门、行业界限，统筹引领各地全域数字化转型，为政务服务“一网通办”、政府运行“一网协同”、城市运行“一网统管”、政府决策“一网慧治”贡献了重要力量。

3. 产业联通

在产业联通方面，随着城市大脑建设的深入，相关的产业链逐步成熟，形成了包含技术研发、应用开发、系统集成、运营服务等环节的完整生态，促进了技术与市场的良性互动。全国众多实践不仅展示了城市大脑如何通过集成创新技术和服务，促进产业升级、优化资源配置、提升民生福祉，也体现了我国城市大脑产业生态的快速发展和创新活力，以及政府、企业、研究机构等多方合作的推进模式。

3.2 各省（市）建设特点

3.2.1 组织保障统筹多元参与

1. 强调“一把手”工程，统筹城市大脑总体建设

各级政府将城市大脑的建设定位于“一把手”工程，甚至是“双一把手”工程，组织成立城市大脑工作领导小组，或者由智慧城市领导小组、信息化领导小组总体负责，统筹城市大脑总体建设、重大问题决策推进。领导小组下设办公室，办公室以下组建若干工作小组或工作专班，负责城市大脑项目建设具体落地实施。领导小组通常由市委、市政府领导或区/县级行政单位主要领导亲自挂帅，办公室设置在电子政务办公室或数据管理部门，如大数据局、数据资源管理局，或者由大数据局与主要数据源头单位共同承担。领导小组办公室作为责任单位，在上级领导的强力支持下，强化了与发展改革委、网信办、城市运营中心等同级部门的配合协作与推进职责。例如，南昌市城市大脑建设由南昌市大数据局牵头，市直属各部门充分配合做好数据收集整理工作，确保了项目建设所需数据的无条件打通和项目建设的顺利推进。

2. 横纵拉通，支撑基层治理“一网统管”

领导小组统筹城市大脑整体建设，发布顶层设计、行动计划等文件，组织协调、督促检查、指导监督市直属相关部门；区/县策划和组织跨部门、跨层级、跨领域的融合型应用场景；人社、医保、执法、建设、交通、卫健、交警、市场监督、文广旅体、街道等部门配合和承建相应的应用领域；县级政府基于市级城市大脑开发部署特色智慧应用，确有需要的可结合实际情况建设县级城市大脑并与市级城市大脑联通。统筹规划分工协作机制确保了城市大脑场景的丰富性、全域覆盖性及可持续性，特别是在上线后，随着场景的深入应用和数据质量的提升，城市大脑对市、区/县两级联动及城市治理的支撑作用越发突出。例如，江苏省南京市先后出台了《南京市城市运行“一网统管”工作三年行动计划》《南京市推进城市运行“一网统管”暂行办法》，在市一级明确“一办四部”整体协调机制，确定技术支持、流程管理、产业生态责任单位，市、区/县两级开展具体建设，实现市、区/县城市数字治理中心全覆盖，城市大脑有效支撑基层治理“一网统管”。

3. 社会主体多元参与，打造本土数字生态

各地在开展城市大脑建设工作中，纷纷引入了类似专家咨询委员会、数字化建设

专家库的智囊、外脑等知识力量，推动与研究咨询机构的数据共享融合，为城市大脑的建设发挥了决策咨询和技术支撑作用。同时，通过创新项目建设和投资运营模式吸引和鼓励高校、电信运营商、大数据集团等社会组织与国有资本平台积极参与，探索政企合作新模式，打造本土化数字生态，让更多社会资本、社会主体充分参与到城市大脑建设中来。多元社会主体的积极参与使政府部门、社会组织、民众个体、市场机构之间得以有效协调，拓展了业务需求、百姓体验、投融资、运营运维等资源渠道，让城市大脑建设从宏观指导到细分领域实现“一体化”建设，创新政企、政民共同开展公共事务治理新模式。例如，辽宁省丹东市开展城市大脑建设，组织各委办局、智慧城市运营公司、电信运营商成立了联合建设智能体，融合了省、市、区“12345”市民热线和基层网格管理，并设立了城市大脑应用“体验官”，实现了城市大脑统一建设标准、统一基础平台、统一安全防护、统一运行管理，让百姓的声音从“接诉即办”转向“未诉先办”，有效支撑城市数字化转型。

3.2.2 技术选型强调共性能力

1. 重点打造统一的数字底座

城市大脑作为智慧城市的智能中枢及城市数字化治理的重要基础设施，各地在技术架构设计思路中着重构建全市一体化的“一朵云”“一张网”“一块屏”“两中心”“多平台”，持续夯实城市大脑数字底座。其中，“一朵云”不断提升政务云算力服务支撑；“一张网”持续提升电子政务网络、通信网络、视联网络、物联网络的支撑能力，推进云网融合应用；“一块屏”包括大屏、手机、智能终端，支持现场与指挥中心之间预警、决策、指挥行动的多屏联动；“两中心”融合了大数据中心和指挥中心，可实现城市大脑数据的集中存储、处理和分析，并提供管理和运营资源；“多平台”体现为系统级的大数据平台、视频平台、融合通信平台、地理信息系统/建筑信息模型/城市信息模型平台、公共支撑平台，以及应用级的事件平台、协同平台、研判平台、作战平台，服务级的应用与开发平台、公共数据服务平台和公众服务平台。数字底座强化了城市大脑的感知、预警、研判、指挥能力，推进了中枢、系统、平台、场景的互联互通，实现了“感、观、治、控”全闭环管理，为打造市域治理体系和治理能力现代化样板提供了有力支撑。

2. 充分利用新基建技术成果

各地在城市大脑的实践活动中，充分共享了新基建技术带来的红利，推动互联网、云计算、区块链、物联网基础设施建设，以及人工智能、大数据中心基础设施与场景融合建设，赋能城市大脑建设，体现了创新性、整体性、融合性、动态性的特点。应用机器视觉、大数据、人工智能等技术，实现可调控、即时化的智能视频分析应用，打破原有工作模式，降低人工成本并提高效率；应用大数据技术，探索城市发展演变历史规律，发现影响因素，研判未来发展趋势，为城市领导者决策提供支持；应用三维地理空间信息，融合人、地、事、物、组织等城市管理要素，以及视频、光、声、电、暖等感知信息，丰富城市数字化治理手段，提升城市数字化治理能力。例如，湖北省宜昌市构建了城市信息模型平台，归集了规划、住建、城管、交通、公安等 9 个部门的数据，可实时感知城市运行状态。

3. 突出系统化建设成效

各地在探索打造以城市大脑为核心的智能治理新模式的过程中，大多致力于深化技术与城市运行融合应用架构体系，以集成化、系统化构建全域覆盖的城市运行综合管理新体系。城市大脑高度集成了能力支撑层、能力开放层、智慧应用层、用户接入层，形成了业务应用、应用支撑、数据资源、基础设施架构体系，保证应用平台的开放性、稳定性、灵活性、扩展性；城市大脑建设与运营遵循了标准规范体系、组织规范体系、政策制度体系、网络安全体系，确保城市大脑信息基础设施、信息资源、服务能力的自主、安全、可控，并具备完善的网络和信息安全保障能力、运营管理和运维管理能力；城市大脑应用推广以市–区/县–街道三级平台互联互通为依托，充分发挥各级城市大脑的数据赋能、系统支撑、信息调度、趋势研判、综合指挥、应急处置等职能，组织、指导、协调各业务主管部门和基层开展业务工作，实现城市治理全域覆盖。

4. 自主创新比例逐步攀升

城市大脑正逐渐从智能化向智慧化迈进，对于具备大量参数和复杂结构的机器学习模型，人们要求其能够处理海量数据，完成各种复杂的任务。各地城市大脑在演进进程中，探索引入了多家自主创新 AI 芯片、算法厂商进行“组团”适配，努力提升重要数据资源和应用场景的支撑能力。部分城市已开始引入信息技术应用创新的容器化全栈产品以承载城市大脑的核心应用模块，使用自主创新的硬件和软件提供安全的政务云基座，部署了全面适配自主创新系统和软件的应用与平台，实现部门、区/县之间的业务协同、数据协同，支撑多样化的服务应用场景。例如，江西省南昌市城市大脑采用“鲲鹏处理器+飞天云+中枢”全自主创新体系，构建大规模云平台计算、存储环境，自主创新率达 90%以上，多芯融合、多中心互备，为全市提供云资源。

3.2.3 数据治理引领大脑建设

1. 目录体系加快实现数据全量汇集

各地城市大脑建设依照“集中统一管理、按需共享交换、有序开放竞争、安全风险可控”“按需归集”“应归尽归”等操作原则，按照数据资源目录编制指南，建立全域信息资源（元数据）目录“一本册”，基本做到了应编尽编、一数一源、同步更新、按需发布。通过数据资源目录体系建设，推进政务数据、公共数据和社会数据统筹管理，推动各类数据汇聚互联；整合共享多源数据，实现全域数据资源的高效采集、有效整合、共享开放，并对接国家部委、省级部门垂管系统数据回流，消除数据荒岛，补全数据断链，构建覆盖全市地域、全行业领域的“城市大脑”数据枢纽。例如，浙江省嘉兴市嘉善县基于省级公共数据平台和嘉兴市公共数据平台的已有能力，由嘉善县政数办主动协调进行统一编目归集，根据已编制目录，采用实时归集或数据交换（离线归集）的方法进行数据归集，建立了省、市、县三级跨域协同及跨省数据共享交换机制。

2. 场景驱动提升城市治理水平

城市大脑系统中的城市运行指标、重点应用及“一网统管”场景建设，覆盖了城市交通、扶贫救助、基础教育、医疗健康、行政审批、产业发展等领域，实现了街道/乡镇、重点部门的数据接入。明确的场景建设进一步强化了应用主题数据库的汇聚和分析能力，将跨组织、跨部门、跨领域、跨地域的碎片化数据资源进行分类梳理，推动数据资源的高效流通与利用，使其更具赋能效应。根据统一标准规范，各地依托城市大脑构建了医疗、教育、房产、政务服务、文化旅游、市域治理等主题库和专题库，特别是引入了数据仓库技术，解决了数据分析算力低、多源数据接入难度大等问题，提升了城市治理精准度。例如，浙江省湖州市安吉县建设城市大脑，承接浙江省首批县级数据仓库建设试点，建成部门、街道/乡镇、场景应用专属数据仓库，覆盖人口、生态等 12 个领域、16 个街道/乡镇仓、19 个应用专题仓，赋能两山合作社、安心享等应用。

3. 协同应用创新释放数据价值

城市大脑充分利用中枢系统的协同机制，汇聚了城市人、地、物、事、组织等基础静态数据及城市终端物联感知数据、视频资源、时空地理信息、城市事件信息，实现了指挥调度、指数测评、AI 识别、文明巡访、材料上报、模拟测评等功能集成，可进行全量、实时、精准的分析，从时间、空间、速度等维度完成了城市运行状态的精准画像，形成了具有重要时序价值的历史指标数据集合、数据接口、数据模型算法或主题分析报告，有效反哺数据共享交换平台，或者发布在政府公共数据开放平台，直接或间接地提升城市数据产品与服务的开发能力，支持城市治理与服务相关场景的开发落地，释放数据要素价值，服务城市数字化转型。例如，江西省南昌市城市大脑向“南昌交通不限行”“舒心停车·先离场后付费”“先看病后付费”等场景开放数据服务，实现了20多亿条数据的共享协同和跨部门、跨区域共同应用，城市交通拥堵治理、百姓就医体验得到明显改善。

3.2.4 中枢框架支撑精细管理

1. 物联感知激发大脑“神经元”

城市大脑通过统一的物联感知体系，全域全量接入并汇聚智能烟感器、测温设备、智能水表、智能电表、智能消防栓等的感知数据，融合网络舆情、“12345”市民热线、AI智能发现、网格上报、同级协办、上级交办等事件，形成集时间、地址、人员、部门、类别于一体的事件感知中心，城市大脑的“神经元”系统日趋成熟。同时，基于业务协同的工作体系、流程体系、政策体系、标准体系新格局，开展“一件事多部门联办”“多件事一次办”“接诉即办”事项清单，“未诉先办”试点及多部门会商系统建设，着重关注事项及指标提醒、批示、交办、督办等实时动态，打造跨域协同、联合处置的行政处罚、裁量基准、执法处置创新模式，推动以事件中枢为大脑核心、一屏统览城市运行状态，实现业务横纵向协同，构建具备可视、可感、可指挥、可调度、可督办特性的智慧化、动态化指挥调度体系。

2. 体系化格局扩充大脑“脑容量”

城市大脑在发挥治理作用的过程中，随着治理手段、效率和水平的不断提升，体系化格局逐步形成，不断提升大脑的智能化和智慧化水平。首先表现为城市运行体征的体系化。运行体征是描述城市运行状况的一系列关键指标和特征，描述了城市治理、应急管理、公共交通、生态环保等领域的运行态势。通过不断完善城市体征指标体系，强化动态监管和趋势分析，建立城市活力指数，精准掌握城市运行状况，构建全市“感、观、治、控”大闭环的治理新格局。例如，福建省厦门市梳理了“五位一体”体系887项指标，完成了3个主题（城市综合体征、元体征指数、物联运行态势）和6个专题（社会综治、生态环境、城市安全、交通运行、经济运行、文化教育）。其次表现为治理维度的体系化。城市大脑或以平安、创文明、惠民生为重点，或以城市管理、民生服务、产业经济三大领域为牵引，或以生态保护、经济运行、民生保障、城市管理、社会治理、安全应急为重点，形成了“治理维度+治理主题+治理专题”的体系格局。最后表现为治理评估的体系化。城市大脑不仅建立了对城市运行状况的风险评估体系，还对具体业务管理活动进行细化，开展过程管控结果评估，进行信息安全风险评估、应用场景成效评估、事件事项绩效评估，实现了治理活动的全流程、全闭环精准管理。

3. 多级协同实现大脑全覆盖

各地城市大脑通过多级协同打破传统的部门壁垒和信息孤岛，构建跨部门、跨区域和跨层级的信息协同、业务协同、数据协同，实现城市管理和服务的全面优化与升级，提高城市管理的透明度和公正性。通过统一的数据平台和信息共享机制，市级、区/县级、街道级等多级政府可以实时获取城市运行数据，共同参与城市管理和决策；通过信息共享和快速响应机制及跨部门协作流程优化方案，同级部门协作制订城市管理事项最佳方案，提高应急处理效率，全面提升城市的感知、监测、预警、应急处置能力。例如，上海市浦东新区构建了“1+36+1496”的城市运行综合管理体系，即 1 个区城运中心、36 个街镇城运分中心、1496 个居村联勤联动微平台，实现新区全覆盖、无死角管理。

4. “一城一策”驱使大脑决策更加精准

各地城市大脑建设结合城市定位、发展需求、资源禀赋、产业特色，聚焦市民和企业需求选择治理场景和重点，避免了城市大脑的“千城一面”，尤其是区/县城市大脑建设，着重打造本区域的重点应用，凸显了区域特色。市域在场景选择中，聚焦本区域城镇化发展过程中在经济、交通、安全、教育、医疗等方面存在的“城市病”，重点开展政务服务“一网通办”、民生服务“一码互联”、政府办公“一网协同”、社会治理“一网共治”、城市运行“一网统管”、企业服务“一站直通”等应用场景建设。区/县则因为直接对接基层，治理颗粒度更加细致，信息采集趋向于“一村团队”“一家一屏”“一人一档”，产业资源管理趋向于资源管理、资源收储、经营服务、产品追踪、效益增值、收益分配全闭环管理，所形成的试点示范效应深入服务于乡村振兴和特色小镇的创建。例如，浙江省杭州市临安区打造“湍口零碳试点小镇”，构建零碳小镇信息仓，及时跟踪全镇碳排放情况和森林碳汇进度，动态评估全镇及重点单元的碳排放信息，推动行业绿色低碳转型。例如，浙江省湖州市安吉县推广“竹林碳汇数智应用”，以数字化手段推动竹林碳汇产业化发展，促进竹林生态和经济的正向可持续循环，实现“资源从竹农手中来、效益回到竹农手中去”。

5. 运管中心演变为大脑服务的智能载体

在智慧城市建设过程中，各地成立了城市运行管理中心、城市运行综合管理中心、城市指挥中心、城市大脑运营指挥中心等不同形式的城市运行（运营）综合管理中心（以下简称“运管中心”）。城市大脑是运管中心最核心的智能中枢，运管中心承载了城市大脑的体系重构、功能展现、运维迭代、长效运营功能，发挥着一体化治理与服务的作用。城市大脑多以数字领导驾驶舱的形式在运管中心大屏幕及桌面、移动等多种终端设备上实现全景可视化，对城市全领域事件进行统一管理、预防、监测、跟踪和指挥处理，实现城市各部门高效统一的应急指挥和一体化联动；运管中心提供的用于业务会商与协同的会议设施、网络设施、融合通信设施，可以支撑城市大脑跨部门、跨区域互联共融及业务协作。两者相辅相成、相伴相生、共同演进。

3.2.5 建运一体提升应用成效

1. 系统性规划模式保障投、建、运有效衔接

城市大脑从投资到建设再到运营是一脉相承、一体推进的系统工程，以终为始，强调迭代建设、长效运营，并系统地开展城市大脑顶层规划设计，成为各地推进城市大脑建设与运营的主要方式。各级政府纷纷出台城市大脑相关的决策决议、发展规划、建设方案或行动计划等，明确系统推进城市大脑投资、建设、运营的重点任务、实施路径、保障措施，强调城市大脑全生命周期的协同管理，有效防止了城市大脑投资、建设、运营各行其道、相互脱离的现象。部分城市甚至进一步出台城市大脑促进条例。例如，浙江省杭州市从立法层面进一步规定了党委、政府、数据资源主管部门、相关职能部门、公用事业运营单位等主体的职责及它们相互之间的多跨联动和工作协同，让城市大脑投资有依据、建设有保障、运营有环境。

2.“政企合作，管运分离”确保长效运营

城市大脑具有典型的基础设施属性、显著的技术特征和准公共服务性质，各级政府纷纷选择以政企合作的方式推动城市大脑的建设与运营。政府侧由数据资源主管部门作为代表，投资规划和统筹推进城市大脑的建设与运营工作。企业侧则呈现出多元化主体参与的现象，部分城市通过在本地专门设立国有独资或混合所有制的城市大脑/大数据/智慧城市运营企业、选择已有国有企业或直接委托相关事业单位等方式，形成城市大脑的承建或运营主体，再由该主体作为枢纽平台开放链接众多城市大脑技术厂

商，比选集成众多城市大脑技术产品。各地通过政企合作推进的方式，形成了相应的城市大脑管运分离运行模式，数据资源主管部门专注于从计划、绩效、监督、考核等维度实施城市大脑统一管理，运营主体则从迭代建设、系统维护、业务支撑、场景创新、数据流通等维度开展专业运营。

3. 数据要素化加快运营主体向数商转型

城市大脑在建设过程中归集治理了海量公共数据，并在持续运营过程中不断丰富扩大。随着数据要素化国家战略的实施及配套制度、技术和产业的逐渐成熟，城市大脑运营主体在做好原有的运营业务基础之上，开始探索向数商转型之路。城市大脑运营主体向数商转型的方向有技术型数商、服务型数商、应用型数商。技术型数商通过取得公共数据运营授权，对城市大脑归集沉淀的数据进行融合治理、加工分析、流通交易、集成应用等，构成当前的主流选择。例如，浙江省湖州市安吉县通过城市大脑运营国企平台主体开展数据处理及数据产品开发和经营，既可以用于城市大脑场景业务本身，也可以向金融、保险、医疗、互联网等企业提供增值数据产品和服务。同时，部分地区的城市大脑运营主体正在探索成为提供产权界定、质量评价、资产评估等咨询服务的服务型数商，或者成为提供数据开发利用工具、数字化转型等能力服务的应用型数商，整体处于起步阶段。

3.2.6 全域协同创新大脑价值

1. 多源聚合创新感知体系全域覆盖、全时响应

感知能力建设是城市大脑的重要内容，各地正在从源头治理、信息研判、全时响应等多维度完善感知体系。在视频资源、物联感知、“12345”市民热线、舆情民意等感知数据源的基础上，汇集税务、电力、水务、人社等部门的数据到城市大脑，打造基于 AI、视频分析、5G 的数据综合比对和协同应用研判平台，实现城市治理由人力密集型向人机交互型转变，由经验判断型向数据分析型转变，由被动处置型向主动发现型转变，由城市部件运行特征感知向城市发展态势洞察转变。以数据为驱动，实时感知、预警事件的发展演变动态，完善智能监测预警网格，关注事件涉及要素的时空变化，优化完善各类协同事项、预警信息的处置规则，努力实现各类事件、信息的全闭环管理，进一步提升城市风险发现能力和全时响应能力。

2. 融合应用创新治理难题破解方案

城市大脑的中枢特性决定了其多模态、多源数据融合应用。新技术与业务融合开

展场景发掘的应用模式，决定了城市大脑必将成为新技术、新应用平台融合创新的载体。城市大脑构建统一的智能算力中心，基于国产化 AI 全栈软硬件打造的智能中枢已全面推广应用，涵盖从 AI 芯片、芯片使能、AI 框架等技术到应用使能、开发平台等上层应用。通过大量的机器学习、模型训练，大模型可以识别各部门的业务重点、痛点，从而衍生出各类智能化应用。同时，在算力之上构建的城市信息模型平台作为数字孪生城市的时空基础底座，聚焦历史文化、产业经济、生态资源特色优势与城市建设发展的时代需求，正在有效解决跨区域、跨部门的数据融合、技术融合和业务融合难题。

3. 资源共享创新跨域协作模式

城市大脑侧重底层共性平台能力、多跨综合场景建设，依据统一标准规则、统一用户认证、统一数据共享、统一应用发布、统一算力共享、统一安全防护原则，逐步将市域内、省域内的多跨协作向省域之间的协作发展。特别是以长三角地区为代表的创新协作模式，通过构建跨省域区块链平台和隐私计算平台、跨省域线上协作的组织体系和协同体系，以统一智能共享门户建设为依托，形成模型、算法和组件等开发能力一地上架共享、多地统一共用的模式，为跨省域安全态势感知、安全管理决策等提供重要支撑，并打造跨域应用场景，实现试点示范区应用“一地建设、三地复用”，多地同源发布上架，统一功能和用户体验。

第4章 城市大脑的总体架构

城市大脑是综合运用人工智能、大数据、云计算、区块链、数字孪生等技术，推动城市全域数字化转型的数字基础设施和数字化系统，也是推动城市治理体系和治理能力现代化建设的重要抓手。城市大脑是智慧城市建设的重要中枢系统，需要进行整体规划。因此，从技术、部署、业务、数据等多维度出发，构建城市大脑的总体架构，可以为城市大脑的规划、建设和运营提供指导。城市大脑的总体架构可以分解为技术架构、部署架构、业务架构和数据架构 4 部分。

（1）技术架构。城市大脑的技术架构是运用大数据、云计算、物联网、人工智能、区块链、数字孪生等技术，集数据、智算、业务于一体的新型信息基础设施。城市大脑对城市全域运行数据进行实时汇聚和大数据分析，全面感知城市生命体征；通过辅助宏观决策指挥，预测预警重大事件，配置优化公共资源，保障城市安全有序运行。

（2）部署架构。城市大脑的部署架构以市-区/县-街道三级平台互联互通为依托，充分发挥各级城市大脑的数据赋能、系统支撑、信息调度、趋势研判、综合指挥、应急处置等功能，组织、指导、协调各业务主管部门和基层开展业务工作。

（3）业务架构。城市大脑的业务架构根据城市的特点和需求进行定制化设计，在政务服务、政务办公、城市感知、城市运行、城市治理和产业赋能等方面可以提供综合应用能力，实现整体智治、高效协同、科学决策，推进城市的智能化和智慧化。各个业务模块应该有清晰的功能和任务，并与其他模块进行协同工作。同时，业务架构支持可扩展的应用接口，以便集成第三方应用和服务。

（4）数据架构。城市大脑的数据架构支持多源数据的整合和分析，实现供水、电力、燃气等公共数据及交易、资讯等社会数据的汇聚，达到多源异构亿级数据分钟级入湖，实现数据高效流通、可信共享和跨域流通可追溯。

4.1 技术架构

城市大脑技术架构由信息基础设施层、数据资源层、能力支撑层、能力开放层、智慧应用层、安全保障层和运维运营层组成，如图 4-1 所示。不同的层有着不同的功能和作用。

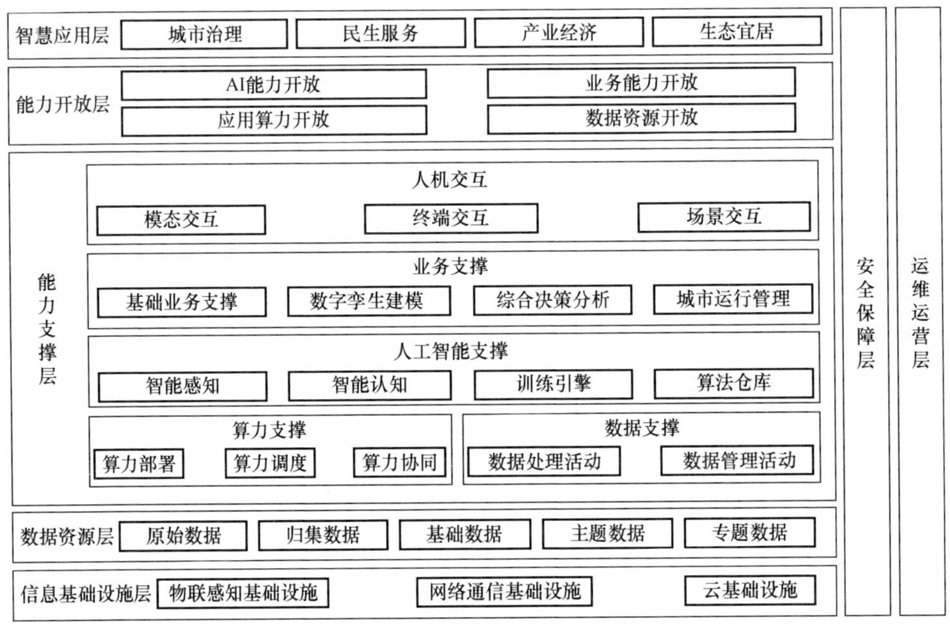

图 4-1　城市大脑技术架构

4.1.1 信息基础设施层

城市大脑的信息基础设施层包括物联感知基础设施、网络通信基础设施和云基础设施。信息基础设施层为城市大脑系统提供数据来源及传输和存储基础，为数据分析、决策和应用提供强有力的支持。通过物联网感知基础设施的数据采集、网络通信基础设施的数据传输和云基础设施的数据存储与处理，城市大脑能够实现对城市的全面感知、快速响应和智能决策。

4.1.1.1 物联感知基础设施

1. 物联感知基础设施概述

物联感知基础设施是利用传感器、摄像头、射频识别器等感知设备，通过物联网技术实现对城市环境中各类信息的感知、采集、监测和控制的设备设施体系，它将物理世界与数字世界紧密连接，为城市治理、公共服务、产业发展等领域提供全面、精准的数据支持。以物联感知基础设施为基础，使能城市万物智能互联、业务智慧联动。通过布设覆盖城市范围的多种类型的传感器，建立全域全时段的城市智能感知体系，对城市运行状态进行多维度、多层次精准监测，全面获取各类影像、视频、运行监测指标等海量城市数据，实现对城市环境、设备设施运行、人员流动、交通运输、事件进展等的全方位感知，实时获取城市全域全量运行数据，为城市智能化转型提供数据基础。城市运行时刻处于发展变化之中，必须时刻掌握物理城市的全局发展与精细变化，让城市可感知、能执行，实现孪生环境下的数字城市与物理城市同步运行。

2. 物联感知基础设施的特点

物联感知是物理世界与数字世界的纽带，它基于品类丰富、泛在部署的终端设备，对传统的感知能力进行智能化升级，构建一个无处不在的感知体系，具备多维泛在、开放互联、智能交互、易用智维等特点。

（1）多维泛在。在智能化时代，需要对事物进行全方位的感知，以获取完整、全面的信息，支撑后续的智能化业务处理。通过雷达、温度传感器、气压传感器、光纤感知器等多种类型的感知设备从不同的维度获取数据，将这些数据汇总成为更全面的信息，支撑后续的智能分析和处置。同时，为了保证获取准确且实时的数据，感知设备需要贴近感知对象，并保持实时在线，以充分获取数据，并将数据实时上传至处理节点，形成无处不在的感知。

（2）开放互联。城市中的各类感知终端种类繁多，协议"七国八制"导致数据难互通，难以支撑复杂的业务场景。因此，需要开放终端生态，通过城市感知操作系统，将协议复杂、系统孤立的感知终端有机协同起来，实现对同一感知对象的联动感知，做到"一碰传、自动报"。此外，需要开放应用生态，将信息通信技术与场景深度融合，实现精细化治理。

（3）智能交互。随着各类智能终端的广泛应用，人与人之间、人与设备之间的协同越来越广泛，视频会议、远程协作等交互场景在行业应用中得到了大力推广。云边协同、AI大模型等技术的应用极大地提升了终端设备的认知与理解能力，实现了软件、数据和AI算法在云边端的自由流动，并通过安装了城市感知操作系统的终端设备，基于对感知数据的处理结果，在物理世界进行响应处理，实现了智能交互。

（4）易用智维。不同行业的业务场景复杂性不同，对感知设备的要求有很大的差异，大部分感知设备安装在不易部署维护的地点，如荒野、山顶、铁路周界、建筑外围等，其中一部分感知设备在获取电力资源、网络资源方面存在一定的困难。因此，感知设备需要具备"网-算-电"一体集成、边缘网关融合接入等能力，以实现感知设备的智简部署、即插即用，以及智简运维平台和工具的数字化、智能化，进而实现对感知设备无人化、自动化的可视、可管、可维。

城市全域物联感知基础设施的建设可以实现动态的感知、精准的控制，随时随地感知城市运行动态，研判城市运行的趋势和规律，提前发现城市潜在运行风险，精准发出预警信息，为科学决策提供有效的技术支撑。万物互联是物联感知建设的前提和基础。伴随着感知、连接能力的全面提升，人与物将在数据构筑的智能城市环境中进行交互，以实现感知塑造智能、智能提升认知、认知锐化感知，推动城市智能化转型，实现可持续发展。

3. 物联感知基础设施的作用

物联感知基础设施作为城市大脑建设的重要基石，发挥着越来越重要的作用。它不仅能够提升城市治理的效率和水平，还能够改善市民的生活质量，推动城市经济的可持续发展。随着技术的不断进步和应用场景的不断拓展，物联感知基础设施将在智慧城市建设中发挥更加重要的作用，为城市的可持续发展注入新的动力。

（1）物联感知基础设施具有全面感知的能力。它能够实时收集城市运行过程中的各类数据，如交通流量、环境监测、公共安全等，形成城市运行的全息画像。这些数据经过清洗、整合，能够为政府决策提供科学依据，推动城市治理的智能化和精细化。

（2）物联感知基础设施具备高效处理的能力。借助云计算、大数据、人工智能等新一代信息技术，它能够对海量数据进行实时分析、预测和优化。例如，通过对交通数据的分析，预测交通拥堵情况，提前制订疏导方案；通过对环境监测数据的分析，及时发现污染源，采取有效措施保护环境。

（3）物联感知基础设施具有广泛的应用场景。在城市治理方面，它可以协助政府实现精准施策、科学决策，提高城市治理的效率和水平；在公共服务方面，它可以提升市民的生活品质，提供便捷、高效的公共服务；在产业发展方面，它可以促进产业升级和创新发展，推动城市经济持续健康发展。

4.1.1.2 网络通信基础设施

1. 网络通信基础设施概述

网络通信基础设施承担着数据传输的重要任务，是城市的公共基础设施，向上连接政务云，向下连接各委办局、企事业单位、学校、医院、社区等机构，统一承载城市中千行百业的各类业务，发挥着至关重要的作用。网络通信从“万物智联”走向“万智互联、万数智算”，成为万物智联、弹性超宽、智能无损、自智自驭的关键基础设施。

网络通信基础设施包括城市网络和算力网络。城市网络是面向智慧城市业务提供网络通信的各类网络，包括有线网络、无线网络、全光网络、骨干传输网络等各类公共网络和专用网络。算力网络是根据业务需求，按需分配和调度计算资源、存储资源及网络资源的网络。

2. 网络通信基础设施的类型

网络通信基础设施主要包括以下 4 类。

（1）政务外网。政务外网是政府办公、政务服务和城市治理的重要支撑平台，当前主要覆盖到区/县一级，乡村覆盖率不足；同时各委办局专网未整合，业务未打通，数据流转不通畅，群众办事往往需要跑多个部门。“IPv6+智能网络”可以实现乡村简单便捷的网络快速覆盖和各委办局的专网整合，让“数据多跑路、群众少跑腿”。

（2）移动政务网。近年来，各级政务外网管理单位积极探索以技术应用创新提升网络支撑能力，构建分级建设、多级联动的政务业务体系，打破区域局限，推进跨层级、跨地域、跨系统、跨部门、跨业务服务的效能提升。随着新技术应用成效的不断显现，以SRv6、随流检测、网络切片为代表的IPv6+技术在全国政务外网得到广泛部署和应用，提升了政务外网的综合业务承载和运维能力，采用IPv6+技术实现政务外网强基固本成为业内共识，通过构建可信可控的数字政府网络基础设施，为政务服务和社会治理提供强有力的网络保障。传统移动政务网由于通过互联网公网承载数据，带宽受限，存在App打开速度慢、语音/视频会议网络易卡顿等问题。通过打破政务外网与运营商网络之间的壁垒，实现敏感政务数据高质量、高安全承载。以移动优先的理念将政务应用逐渐转移到“指尖”，满足政府部门随时随地办文、办事、办会的需求。

（3）城市物联网。当前，物联网已经全面渗透到城市的各个领域，不但提升了建筑、桥梁、道路、管网、灯杆和车位等城市设施的智慧化水平，而且进一步和传统行业深度结合，形成了城市智慧化的新业态，如智慧旅游、智慧商圈等，改善了城市时空全域下的承载能力、管理能力和服务能力。城市物联网的建设和应用模式正在发生转变，宽窄融合的网络基础设施与技术多样、主体多元、应用多层的产业生态成为城市物联网的重要特征。城市基于统一的操作系统构建的城市级智能物联网统一了各类繁杂的标准协议，实现了千万级物联终端的安全接入。

（4）算力网。算力网是指在城市范围内，将所有可连接的算力资源互联互通，并向政府、科研机构、高校、企业等需求方提供服务。算力网既要负责算力资源的互联互通，又要完成数据的上传和结果的下载，因此它包含数据中心互联（Data Center Interconnect，DCI）和数据中心接入（Data Center Access，DCA）两个功能。具体的算力资源包括核心算力和边缘算力等。城市算力网具备算网解耦、标准化服务、大容量和弹性带宽等特征，让城市算力像水、电那样可以随时随地即取即用。

4.1.1.3 云基础设施

1. 云基础设施概述

云基础设施是城市大脑系统的重要支撑，具备强大的数据计算与存储能力。云基础设施采用分布式计算和存储技术，能够弹性地扩展和管理数据，以满足城市大脑对大规模数据存储和实时数据处理的需求。同时，云基础设施具备高可用性和高容错性的特点，可以保障城市大脑系统的数据安全和稳定运行。

《国务院关于加强数字政府建设的指导意见》(国发〔2022〕14 号)提出了构建全国一体化政务云平台体系的具体任务。各地区按照省级统筹原则开展政务云建设，集约提供政务云服务；探索建立政务云资源统一调度机制，加强一体化政务云平台资源管理和调度；基于分布式云架构，提供云化的服务器、存储、计算资源等关键组件，建设集约共享、互联互通、安全可控的“城市一朵云”，助力城市数字化转型。

2. 云基础设施的能力

云基础设施应具备以下多项能力。

(1)多云管理。由于城市存在多种云基础设施，城市大脑云基础设施基于同构云、异构云、公有云、私有云等“多云”进行统一管理，能够实现城市多云管理的统一资源视图、统一资源发放，并能够实现集中的租户管理，提供统一的产品注册和订购应用程序接口。通过公共组件服务接口获取相关操作日志，并对性能规范进行告警，同时上报监控数据，实现统一监控视图。

(2)数据湖。以大数据平台为基础，建设统一的数据湖，统一承载政务服务、城市治理等场景的数据存储、加工、服务。数据湖可以实现数据实时入湖、数据免搬迁，为数据实时分析、统一分析、高效分析提供能力支撑。数据湖提供完整的多租户能力，不同业务在数据湖中可按需分配资源，各业务的资源可动态调度以提高数据湖内的资源利用效率。

(3)数据存储。云基础设施应能提供多种数据存储服务，包括块存储服务、文件存储服务和对象存储服务。云基础设施应能提供云原生网络服务，面向多元、复杂的业务，一方面提供与物理网络无差别的网络性能与体验；另一方面提供安全、隔离的网络环境，具备与传统网络无差别的虚拟网络服务。

(4)灾备协同。云基础设施应具备统一的政务灾备云，能够按需利用本地备份和异地灾备能力开展灾备业务，提供数据服务化备份能力，构建具备数据备份、数据保护等功能的数据安全保护平台，支持多租户的数据共享使用，以及本地和云端数据的协同，保护操作系统、数据库、应用、文件、虚拟机等的数据，在遭遇数据灾难时，能完整、准确、快速地还原数据，最大化地降低数据灾难对业务连续性的负面影响。

（5）安全防护。云基础设施具备“云平台+租户安全服务”能力，满足信息安全等保三级认证。云基础设施自身的安全防护包括网络、边界区域、云平台自身、主机、应用层等的防护对象，主要包括防火墙、堡垒机、日志审计等安全防护措施。租户安全用于保证人工智能创新应用环境的日常运行安全，满足创新应用的安全等保要求，提供业务所需安全资源的快速调度能力和安全防护体系支撑。

4.1.2 数据资源层

数据资源层为城市大脑提供体系化数据资源和一体化数据服务，是赋能城市大脑开展高度协同化的智慧应用的关键数据底座。城市大脑充分利用城市数据资源，开展场景化业务应用，对城市运行全局进行分析，有效调配公共资源，不断完善社会治理，推动城市可持续发展。

数据资源包括原始数据、归集数据、基础数据、主题数据、专题数据。每类数据库对应不同种类的数据和相应的功能。

1. 原始数据

原始数据是从各种感知设备、传感器和其他数据源中采集的未经处理的数据，这些数据是城市大脑的原始数据来源，可能包含各种格式和结构的信息。原始数据可以是温度、湿度、空气质量等环境指标的实时测量值，也可以是交通流量、人流量等城市运行数据的实时采集信息。原始数据包括物联感知数据、物联网设备数据、监控数据等，具备数据量大、结构多样、数据质量不一等特点，可为后续的数据处理和转化提供基础条件。

2. 归集数据

归集数据是对原始数据进行分类和整理后得到的数据。对原始数据进行处理，将其按照一定的分类标准进行划分和归类，形成更具结构性和可操作性的数据形式。例如，将原始的交通流量数据按照不同的道路、区域或时间进行分类整理，形成归类数据，方便后续的分析和应用。归集数据具备数据质量相对较高、数据格式相对统一的特点，可使后续的数据分析和应用更加高效。

3. 基础数据

基础数据是经过清洗、加工和融合得到的基本数据。在数据处理过程中，需要对原始数据进行数据清洗、错误修正、数据格式转换等操作，以消除数据中的噪声和不一致性，提高数据的质量和准确性。基础数据是城市大脑系统中常用的数据，可以是人口统计数据、社会经济指标、地理信息等。基础数据具有较强的结构化特性，数据质量和一致性较高，可以为各种应用和分析提供通用的基础数据支撑。

4. 主题数据

主题数据是根据城市发展的某个主题，如医疗健康、社会保障、生态环保、应急管理、信用体系等，进行整理和加工得到的数据。主题数据以主题为中心进行数据整合，数据关联性强，能够直接为特定领域的分析和决策提供支持。

5. 专题数据

专题数据是根据特定的需求和问题，对某个领域或特定事件进行深入研究和整理后得到的数据集合。例如，在交通领域，可以根据交通拥堵、公共交通线路等问题，进行专题数据的整理和分析。专题数据在主题数据的基础上，进一步按照具体的应用场景（如药品监管、就业失业统计、大气监测、危化品管理、行政处理等）定制化处理数据，数据质量高、价值高，数据信息清晰、针对性强，可以为具体的城市管理和服务系统提供精准、实时的数据支持，促进城市的智能化管理和决策。

上述五类数据按照数据架构从底层到高层依次构建，数据的质量、丰富性、可用性层层提升。通过管理和利用这些不同类型的数据，城市大脑可以进行数据分析、数据挖掘和智能决策，为智慧城市的治理和服务提供支持与指导。数据资源层为城市大脑提供了丰富的数据资产，为后续的智慧应用层提供了重要的数据基础。

4.1.3 能力支撑层

城市大脑的能力支撑层提供了多种核心能力，包括算力支撑、数据支撑、人工智能支撑、业务支撑和人机交互。

4.1.3.1 算力支撑

算力支撑以大规模分布式计算能力将计算、存储和网络进行整合，提供云数据库、大数据处理、分布式中间件服务，从而为城市大脑提供足够的算力资源。城市大脑需要泛在连接城市各行业的应用和感知设备实时产生的海量、多维数据，其对算力提出了低时延、大带宽、高效等需求。因此，需要建立一体化的安全可信“云+边+端”算力协同体系。

云计算通过以大数据集中式处理和并发业务请求为主要特征的服务器集群、面向深度学习任务的 AI 服务器等云端计算设备，形成包含电子政务云、行业云和专业算力中心云等多种形态的云资源，构建城市大脑基础设施底座，实现弹性存储、即取即用，支持对多源异构大数据的高效处理，从而扩大数据规模，降低算力成本，加快城市数字化进程。

边缘计算和端侧计算通过边缘推理服务器、边缘网关等中小规模的边缘计算设备，进行小规模局部数据的轻量处理、存储和实时控制，支持敏捷连接、现场应用，实现数据分析和决策响应的快捷化、实时化。同时，根据业务需求的变化动态匹配和调度相应的算力资源，完成各类业务的高效处理和整合输出，并在满足业务需求的前提下实现资源的弹性伸缩，从全局优化算力分配。

4.1.3.2 数据支撑

城市大脑通过采集汇聚、融合加工、共享开放等数据治理过程和手段，整合政府数据、城市公共服务数据、网络运营商数据、互联网数据等多源异构数据，解决数据碎片化、数据重复、数据不完整、数据混乱、数据不一致、数据不及时等质量问题，构建城市级数据资产，为数据驱动的城市治理模式创新提供数据原材料。

城市大脑采集汇聚城市多源异构的数据资源，包括各应用、各物联感知设施、各城市微单元的数据，针对不同业务系统、不同标准、不同格式与类型的数据，规范数据采集口径和采集方式；建立统一的数据标准规范体系、城市标识与编码体系，规范数据质量；对各类数据进行清洗、集成、变换、规约等标准化处理。

城市大脑深度整合所采集的各类数据，融合形成人口、法人、自然资源与空间地理、宏观经济等不同类型的基础数据库，在政府数据的基础上补充社会企业、互联网、物联感知的数据，并结合具体业务进行关联归集，形成公安、卫健、教育、交通等主题数据库及突发事件、百姓诉求、防灾防害、产业经济等特色专题数据库，解决城市信息资源纵强横弱、条块分割问题，打造跨部门、跨领域、跨层级的数据整合能力，形成城市数据资源库。

城市大脑搭建面向政府内部的数据资源共享门户和面向公众与企业的数据资源开放门户，建立相关的数据安全及保密机制，通过提供浏览和检索等功能，将各类基础数据和融合后的数据根据所定义的权限向各部门、社会共享开放；从数据主题、需求来源、数据类型等多个维度对数据进行分类管理，并提供多组合条件的数据检索服务；对各类数据的共享开放程度、总量、增长趋势、访问下载次数、评分排行等进行直观的展现。

4.1.3.3 人工智能支撑

借助人工智能技术，城市大脑基于海量城市数据进行知识推理并构建知识网络，以推演事物背后的深层逻辑，形成智能洞察和认知，智能化地感知城市生命体征，实现对城市全域的精准分析、整体研判、协同指挥、科学治理。

人工智能支撑能力让城市大脑具有以各类物联感知终端、物联网为代表的物联智能感知能力，包括以广泛分布在城市中的视频监控和采集、视频分析、图像分析、文字识别为代表的视觉智能感知能力，以智能语音系统为代表的听觉智能感知能力等。通过物联、视频和音频联动，构建城市实时感知的“触手”“眼睛”“耳朵”。由人工智能支撑的触觉中枢通过物联算法将各种物联触觉信息联系起来形成物联感知应用；视觉中枢通过计算机视觉算法对视频、图像、文字中的关键信息进行提取和解析；听觉中枢将语音和音频数据进行集中处理，通过智能语音算法从中提取、合成和识别关键信息。人工智能进一步丰富和完善了城市感知系统的信息维度，实现了全面感知、宽泛互联和智能融合的应用，形成了以各类感知数据融合为支撑的新型智慧城市形态。

在实现城市全面感知的基础上，城市大脑应用数据挖掘、自然语言处理和知识图谱等人工智能技术，进行认知计算、知识推理等；通过人机交互的形式，辅助管理者进行预测和决策判断、形成预案或指令，实现跨部门、跨领域、跨层级的全局协同的智能决策支持服务，使城市从人、物、事、设施的聚合体升级为具有类似生命体功能的智能功能体。同时，人工智能为城市大脑运营提供多维度智能手段，形成人工智能技术生态系统和城市大脑共生演进的局面，推动城市管理、产业优化和民生服务与人工智能技术不断发展，相互促进。

4.1.3.4 业务支撑

业务支撑能力面向城市治理体系和治理能力现代化的实际业务需求，综合城市大脑算力、数据和人工智能支撑能力，以及地理信息系统、大数据、数字孪生、知识图谱等其他技术能力，为智慧城市业务场景的智能应用提供共性支撑能力。总体来说，业务支撑可概括为基础业务支撑、数字孪生建模、综合决策分析、城市运行管理 4 个方面。

1. 基础业务支撑

基础业务支撑为业务应用提供必要的用户管理、权限管理、安全管理和系统运维等相关技术支持，是业务场景高效、稳定运行的基石。基础业务支撑主要包括统一用户中心、统一认证中心、统一证照中心、统一事项中心、统一运维监控等。

2. 数字孪生建模

数字孪生建模构建各领域、各部门共用的城市三维虚拟全要素表达的数字孪生模型，为智能分析和辅助决策应用提供结构化信息、知识及业务流程支撑。根据建模内容的不同，数字孪生建模可分为语义建模、知识建模、业务建模 3 类。

（1）语义建模。语义建模是将物理实体以结构化方法构建数字实体，并描述其几何结构、时空信息、物理状态、行为能力及其与其他实体之间的关系等信息，以便机器识别和计算的过程，是计算机认识世界的过程。

（2）知识建模。知识建模是对物理实体的特征及其关系进行共性抽象，兼顾对常识领域概念及概念层级体系的语义理解，使用结构化方法表示以便机器理解、推理和处理的过程，是计算机认知世界的过程。

（3）业务建模。业务建模是将业务流程、标准规范、涉及的要素及其属性、行为、关系等内容进行抽象提炼和模型构建的过程，是计算机学习业务行为的过程。

3. 综合决策分析

综合决策分析构建基于数据挖掘和 AI 辅助分析的决策支撑共用组件与工具集，对各类业务流转模块进行整合，提供满足需求的服务，提供对业务主题、事件处置、舆情分析、风险评估、应急指挥等要素的分析辅助，为业务应用场景提供全面、系统、准确的分析评估、预测和决策支持。

4. 城市运行管理

城市运行管理通过构建面向城市运行各领域的公共组件和模型，以城市运行指标体系展示城市运行状态，及时发现城市管理问题，辅助相关部门快速高效地处置问题。城市运行管理具备城市全域运行数据实时汇聚和可视化展示能力，同时提供多维信息快速查询、智能调度、视频会商、协同指挥、业务事项跟踪管理等功能。

4.1.3.5 人机交互

人机交互可以辅助城市管理者定性、定量地了解城市综合运行状态和应急突发事件，结合感知技术和认知技术形成的技术洞察能力，辅助管理者快速判断、仿真推演、预测和决策。人机交互能够以多种模态向城市相关组织和人员下达指令，并通过人机反馈形成全过程闭环管理，实现跨事件、跨场景、跨行业的统一指挥与业务协同。利用图像处理技术、混合现实融合技术、计算机互动三维图形技术等，以沉浸式、交互式方式实现城市大脑神经中枢与用户的交互。城市管理者通过人机交互方式迅速获得对物理城市的现状感知、业务洞察、异常监控、分析研判，并可快速向城市大脑神经中枢下达控制指令，形成城市闭环反馈系统，深度赋能城市全感知、全场景、全连接。人机交互依赖以物联感知、通信网络技术等为主要构件的全域一体化感知监测体系，以人、地、事、物、组织等要素为核心构件的城市运行指标体系，以及以云、边、端等为主要构件的高性能城市协同计算能力和深度学习的 AI 平台，通过数据驱动城市决策，实现在虚拟世界仿真、在现实世界执行，虚实迭代、不断优化，逐步建立在线学习、持续优化的城市大脑发展模式，提升城市的整体治理能力和水平。

（1）二三维一体化场景交互界面。二三维一体化场景交互界面是城市管理者与城市大脑交互最直观的人机界面，用户对信息和服务的需求转向场景化，用户通过身体动作在二三维空间与计算机交互，计算机捕捉用户的动作，进行意图推理，触发神经中枢对应的交互功能。其本质是基于城市信息空间模型，利用物联感知与融合、信息网络通信等新型信息技术体系，实现二三维空间的全息感知与实景可视化。

（2）多终端、多模态人机交互。人工智能催生了越来越多样化的智能终端，智能终端的变化引起智慧城市交互方式的变革，语音、图像、视频、手势等多模态的交互成为主流交互方式。尤其是在城市安防、远程巡检等场景下，技术人员无法进入现场，通过混合现实交互、手机 App 进入数字城市，分析设备的运行状态，对故障进行诊断，实现对设备的运维、巡检；同时可以结合历史数据、发展态势，利用知识图谱等认知计算技术，推演事物背后的深层逻辑，对事物的发展状态进行预测、模拟，并在模拟的基础上验证各种事件产生的影响，帮助管理者对城市信息资源进行全面感知、全面整合、全面分析、全面共享和全面协同，通过多终端、多模态的交互方式向城市居民提供智慧服务。

4.1.4 能力开放层

城市大脑与城市智能化基础设施、城市各领域信息化系统、城市管理者和市民等使用方密切相关，需要具备较高的开放能力，主要包括以下 5 个方面。

（1）面向政府、社会组织、市民等不同服务对象的开放。

（2）面向自身数据资源能力、技术能力、业务能力等各种服务能力的开放。城市大脑可将自身具备的大数据治理能力、视频云分析能力、时空信息呈现能力、融合通信调度能力、物联网接入能力等一系列基础性支撑服务能力与城市各业务应用场景进行专题对接。为降低各业务应用场景的开发难度和工作量，城市大脑通过灵活的业务应用开发、部署和管理能力，支撑城市特定功能的快速实现。

（3）面向用于提升城市治理能力、管理效率和公共服务水平的“一网通办”“一网统管”等不同需求场景的开放。

（4）面向自身可迭代升级、可演进、可装卸和可扩展的各类业务组件与子系统的开放。将业务软件和城市大脑各子平台进行能力解耦，使城市大脑具备开放的服务总线能力（包括应用集成、数据集成和消息集成）和服务保障体系，从而在城市大脑持续升级迭代时避免影响上层业务信息化系统，有效减少业务系统的对接开发工作量和开发成本。城市大脑融合各类不断涌现的新技术、新场景、新应用，以本地化运维、迭代式开发的模式进行持续稳定的升级和运营，构建开放演进的主体架构。

（5）面向市/区（县）多级城市大脑、其他行业大脑分工协作和互联互通的开放。

4.1.5 智慧应用层

面对智慧城市建设和发展的应用需求，按照不同应用领域、不同应用主体（包括政府、社会组织、市民、城市实体对象等）、不同应用角色（包括决策者、管理者、执行者等）多种视角建立应用体系，综合利用城市大脑的能力，构建城市治理、民生服务、产业经济和生态宜居等领域的智慧应用。

城市治理方面，通过对城市态势的实时感知和分析，精确定位城市治理问题，整合常态和应急态城市资源，推动城市网格化管理与社会综合治理的深度融合，赋能多元主体协同共治，综合解决城市治理中的各类问题，实现精细化城市治理。

民生服务方面，智慧应用可以改善居民的生活质量和公共服务体验，提供更高效、更便捷的服务。例如，智慧出行服务可以提供实时的交通信息、推荐最优路线和公共交通方案，方便居民出行；智慧医疗服务可以通过健康监测、远程诊疗等方式，为患者提供及时、个性化的医疗服务。

产业经济方面，智慧应用可以促进城市产业的创新和升级，提高产业效益和市场竞争力。通过数据分析和智能决策，优化供应链管理、市场营销策略等，提升产业链的效率和可持续发展的能力。

生态宜居方面，智慧应用可以帮助城市实现资源的合理利用和环境保护，提高城市的生态可持续性。通过智能能源管理、智慧水务管理等应用，实现能源节约和环境保护，推动城市向低碳、可持续的发展方向转型。

4.1.5.1 城市治理

城市治理是推进国家治理体系和治理能力现代化的重要内容，通过全域全息实时感知、展示和分析城市运行状态，把影响城市生命体健康的风险隐患察觉于酝酿之中、发现在萌芽之时、化解于成灾之前，形成精准监测、主动发现、智能处置的闭环治理体系，进而指引和优化实体城市的规划、管理，改善市民服务供给，赋予城市生活“智慧”，赋能城市综合治理，提升政府管理效率和服务水平。城市治理的典型场景包括城市应急、公共安全、智慧交通、智慧水利等。

1. 城市应急

在城市应急场景中，针对自然灾害、事故灾难、公共卫生事件和社会安全事件，实现事前智能预测预警、事中及时应对、事后科学分析，使城市突发事件可防可控，保障公众生命、健康和财产安全，促进社会和谐健康发展。

2. 公共安全

在公共安全场景中，集监测预警、应急指挥调度、仿真推演、分析研判等于一体，支持从警力警情分布、视频监控、卡口分布、辖区人口、重点场所等多个维度进行日常监测与协调管理；支持突发事件下的可视化接处警、警情监控、警情查询、辖区定位、警情态势分析、应急指挥调度管理，以满足常态下警力警情监测监管、应急态下协同处置指挥调度的需要，满足公安行业平战结合的应用需求。

3. 智慧交通

在智慧交通场景中，打通人、车、路之间的关联关系，实现数据互通、汇总整合，依托动静结合的道路信息模型、海量实时交通数据驱动、结构化视频融合、目标识别跟踪等技术，对交通历史状况进行统计分析，对交通现状进行监管，对交通未来发展状况进行仿真预测，为拥堵监测、交通指挥、分流疏导、规划设计提供平台支撑，最终实现"人便于行达天下，货畅其流天地宽"的目标。

4. 智慧水利

在智慧水利场景中，通过将水行业实体对象要素、感知监测要素、业务知识要素、机理模型要素等进行汇聚、融合、存储、分发、应用，利用大数据分析、人工智能、云计算等技术，助力城市水利水务多维度要素的精准化管控、智能化分析、科学化决策，提升新时代城市水利水务建设与管理的数字化、精准化、高效化能力及水平。

4.1.5.2 民生服务

民生服务主要针对政务、交通、社保、医疗、文旅、教育、就业、帮扶服务等方面，通过城市大脑打破数据流转壁垒，为民众提供一站式、一键式、智能化、便捷化服务，简化事务流程，提升办事效率，提高人民群众的获得感、幸福感、安全感。民生服务的典型场景包括"一网通办"、智慧出行、智慧文旅等。

1. "一网通办"

通过城市大脑实现各个委办系统的智能互联，打破数据壁垒，实现信息和数据共享、协同审批。面向民众和企业，提供政务服务的智能引导、智能填报、智能预审、远程面审等功能，以实现全天候、无接触政务服务，让群众和企业能够足不出户办理业务。

2. 智慧出行

整合集成城市道路信息管理系统、城市出行信号系统、停车场管理系统等的数据资源，通过实时数据分析、研判，为出行者和出行监管部门提供实时有效的出行信息，缓解出行拥堵，保障城市"大动脉"的良性运转。

3. 智慧文旅

智慧文旅包括文化服务和旅游服务两部分，通过沉浸式可视和交互技术，为民众提供参与式、体验式项目，拓展文旅消费广度，应用新技术以扩大中国传统文化推广范围，提升推广深度。

4.1.5.3 产业经济

产业经济通过构建全要素、全产业链价值服务，洞察产业发展问题，激发数字产业化引擎动力和产业数字化创新活力，通过产业培育、产业融合、产业集群化发展，打造开放、共享、合作、共赢的产业新态势，带动产业经济发展，促进产业融合。产业经济的典型场景包括智慧园区、智慧工厂、智慧物流等。

1. 智慧园区

基于感知化、互联化、平台化、一体化的手段，实时接入园区物联网设备、资产、能源、设施及环境等数据，建立基于园区实时运行状况的领导驾驶舱，集园区数字孪生、运营管理、业务管理于一体，实现对园区总体情况、设备运维、物业管理、安全管控、运营服务等的全要素、全流程可查、可管、可控、可追溯，打造安全、智慧、绿色的园区，提升园区的社会和经济价值，开创智慧园区的立体多维管理新模式，从而实现园区经济可持续发展的目标。

2. 智慧工厂

以工厂设施全生命周期的相关数据为基础，对整个生产过程进行仿真、评估和优化，主要跨越设备设施设计和制造之间的“鸿沟”，实现设备设施生命周期中设计、制造、装配、物流等各个方面的管理功能。

3. 智慧物流

融合物流交通场景数据，并接入物流行业的物联网传感器信息数据，基于物流大数据为智能物流的全产业链提供物流智能仓储和站台计划、智能设备调度、天气和交通情况、物流和油耗等智能化分析。

4.1.5.4 生态宜居

生态宜居主要面向智慧社区、生态环境等，通过合理规划基础设施、建筑、设备、服务等，构建生态环境监测、预警、辅助决策、展示交互和综合指挥的闭环管理，提升居民生活、工作、文化、娱乐、体育、休闲等方面的生活质量，实现人居人身安全、环境健康、生活方便、出行便捷、居住舒适的人与自然和谐共生的局面。生态宜居的典型场景包括智慧社区、智慧环保、智慧能源等。

1. 智慧社区

通过城市大脑，将人、房、物信息进行关联整合，形成社区空间全覆盖、监督指挥全时段、城市管理全行业“三全”格局，做到底数清、情况明、管得住、服务好，构建服务便捷、管理睿智、生活智能、环境宜居的社区生活新业态，满足社区安全、社区管理和公共服务的需求。

2. 智慧环保

围绕土地资源配置、水资源利用与保护、能源综合利用、生活垃圾处理、污染物排放处理、自然保护区管理等方面，通过城市大脑整合和分析海量跨地域、跨行业的环境信息，实现深度挖掘和模型分析，为环境质量监测、污染防治、生态保护、辐射管理等业务提供更智慧的决策。

3. 智慧能源

通过城市大脑，将原有的耗时、劳动密集型传统配电网运维模式转变为快速高效的在线智能运维模式，提高工作效率。同时，通过数据资源的聚合分析，为用户提供节能建议、新能源转型方案和项目实施建议，深度挖掘需求侧“碳中和”潜力，助力实现“双碳”目标。

4.1.6 安全保障层

城市大脑需要具备健全的网络和信息安全管理体系，能够强化要害信息系统和信息基础设施的安全保障，加强建设、运营和服务过程中的个人信息保护，确保城市信息化基础设施、技术和数据资源的自主、安全、可控。

城市大脑将构建统一、协同、智能、可信的安全保障体系，支撑网络空间安全和数据要素合规使用。通过防御、检测、响应全流程，构建云-管-端三级智能联动、完整的网络安全体系，并利用体系化安全防护手段（包括动态安全认证、精细化授权、安全大数据技术分析、数据隐私保护等）和安全运维手段，在安全事件的事前、事中、事后各个阶段，为城市中的各个业务系统提供安全咨询、安全防御、安全告警、安全处置、安全应急服务等一系列安全保障服务，全面解决信息安全问题，持续降低城市面临的安全风险。安全保障能力主要涉及以下 3 个方面。

1. 建立安全管理机制

落实和完善城市大脑安全管理，实施安全组织保障。推进安全策略、系统建设、运维管理等多个层面的安全审计，建立网络安全保密机制、安全检查机制，完善网络安全监管制度，从而提高城市大脑的安全监管能力、事件响应能力和安全服务能力。

2. 完善安全保障体系

以保护城市大脑基础设施、业务、数据的安全为核心，以政策法规和标准规范为指引，建立由网络安全事件应急处理体系、网络安全预警防护体系、敏感数据保护体系组成的安全保障体系。构建全方位、一体化的信息安全能力，为城市大脑提供信息安全服务保障。

3. 打造安全技术架构

通过对各种安全资源能力的组合封装、编排调度，形成城市大脑信息安全建设中物理、边界、应用、数据、主机及虚拟主机、接入及终端各层所需的安全能力，为城市大脑提供统一化、标准化的安全能力支撑。

4.1.7 运维运营层

提供城市大脑运维管理和运营管理能力，通过运维运营工作，保障城市大脑的可持续运行和高效管理。基于运维运营人员的努力和技术手段的支持，确保城市大脑系统的稳定性、可用性，为智慧城市的发展和应用提供可靠的支持。

4.2 部署架构

城市大脑部署架构如图 4-2 所示，体现了市-区/县-街道三级平台和行业大脑之间的部署关系。

在城市大脑部署架构中，市级平台主要形成总体框架和标准，汇聚全市数据和资源，支撑市级总体决策和智慧应用；区/县级平台主要承担区/县级实战平台功能，发挥承上启下、衔接左右的作用；街道级平台依托网格化管理，社区、园区楼宇、单位和市民等共同参与，支撑基层综合执法、联勤联动和综合治理。

同时，随着工业、能源、交通等行业数字化转型的不断推进与成熟，各行业数据持续积累，促进了行业大脑的发展。为推进城市产业发展，促进产业融合，城市大脑需要与行业大脑建立协同机制，促进数据融合共享。一方面，行业数据的接入可以使呈现的内容更丰富，便于管理者掌握城市经济发展体征；另一方面，城市基本运行体征数据可以激发行业大脑的自我更新与演进。城市大脑与各行业大脑的融合将驱动城市数字化转型，依托城市大数据促进新业态、新模式的发展。城市大脑的部署依托各级城市运行管理中心（或相似机构），以多级部署联动的形式共同实现城市大脑的建设目标，主要包括物理联动、数据联动和应用联动。

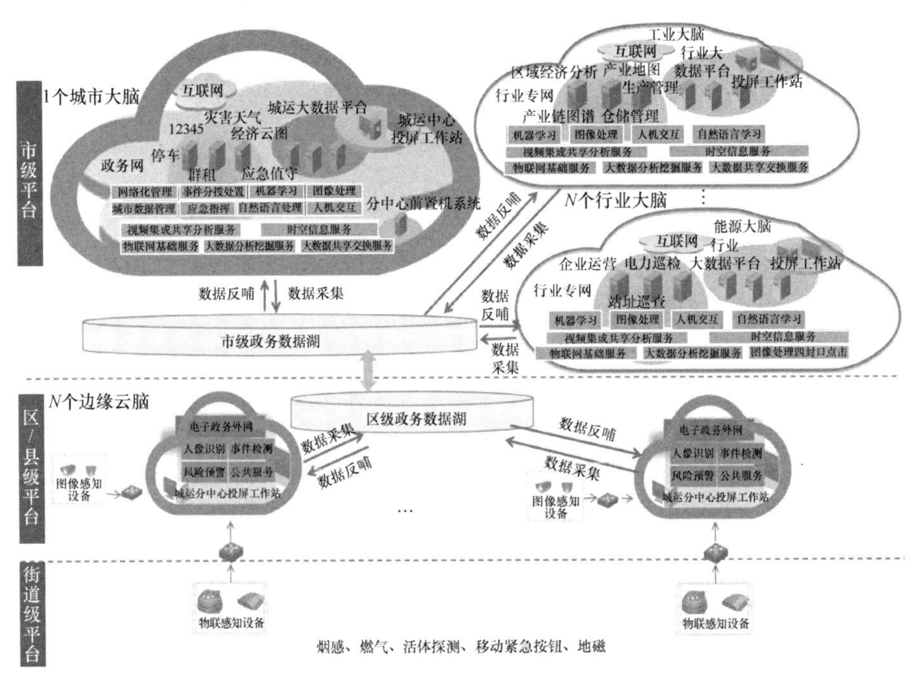

图 4-2　城市大脑部署架构

4.2.1　物理联动

物理联动作为城市大脑部署的基础支撑，通过建设物理联动系统实现城市各级运行管理中心的大屏及音视频系统的互联、互通、互控。市、区/县、街道各级城市运行管理中心通过光纤专网、联动设备、联动管理系统实现大屏联动、互联互通、双向语音、座席联动、集中运维等功能，打造互联互通、多点联动的实战应用场景。

（1）大屏联动。市级、区/县级、街道级城市运行管理中心通过物理联动系统实现各级城市运行管理中心大屏幕联动、信号推送、同屏分享、同屏互控等功能。

（2）互联互通。市级、区/县级、街道级城市运行管理中心通过物理联动系统实现三级视频信号、音频信号、座席信号等的互联互通。

（3）双向语音。市级、区/县级、街道级城市运行管理中心通过物理联动系统实现双向语音交流沟通功能。

（4）座席联动。市级、区/县级、街道级城市运行管理中心通过物理联动系统实现各级座席联动功能。

（5）集中运维。物理联动系统建成后，将物理联动核心设备纳入设备运维管理系统，可实时监测设备运行状况，为物理联动系统的联动管理提供更便捷的手段，同时设备的备品备件可以实现统一管理。

4.2.2 数据联动

城市中的各级城市大脑在进行业务联动时，可以通过电话、传真、短信等方式传递相关事件信息。但在系统层面，市级看不到区/县级资源，区/县级也看不到完整的街道级资源。市级、区/县级、街道级资源分散在各级系统中，而各级系统尚未实现完全集成，数据也存在未汇聚和未集成的情况。通过数据联动，实现市、区/县、街道三级关键数据资源信息的汇聚，并根据业务需求进行统一调度。数据联动方式有数据集成和 API 两种。

1. 数据集成

（1）街道级数据。街道级系统通常是客户机/服务器系统或浏览器/服务器系统。街道级数据以浏览器或客户端的方式加以部署和使用，数据先存储在区/县级数据库中，再汇聚到区/县级大数据平台。

（2）区/县级数据。区/县级大数据平台通过集成网关把需要共享的数据共享出去，包含结构化数据和非结构化数据。

（3）市级数据。区/县级数据通过数据集成平台/工具统一汇聚到市级平台；各区的历史数据统一汇聚到市级城市大脑的中心库作为大数据资源，并按照一定的规则进行归集和整理，为后续分析、辅助决策、优化应急机制提供支撑。

2. API

（1）市级系统需要设计好相应的开放接口：一类是数据接口，可以提供对应的市级、区/县城市大脑数据资源；另一类是权限控制接口，在特定事件时间窗口内允许各区/县的城市大脑调用数据。

（2）区/县级系统设计好相应的开放接口，对外实时提供区/县级城市大脑数据资源，这类接口在特定事件时间窗口内允许外部调用，以提供应用的资源数据。

市级系统可以在特定事件时间窗口内调用区/县级系统开放接口获取资源信息，区/县级系统也可以在特定事件时间窗口内调用市级系统开放接口获取全市或特定区的资源信息，从而实现统一调度。

4.2.3 应用联动

应用联动主要依托城市大脑的多级调度机制、业务管理机制，建设事件信息传递、任务统一调度、移动指挥、调度信息辅助这几项功能的联动。根据城市大脑的业务特征，城市联动指挥类应用需要覆盖多级城市大脑体系，典型场景主要包括指挥调度和综合保障等。若各区已有应用系统，可通过市级指挥调度平台的接口对接，实现一体化指挥调度功能。

1. 指挥调度

基于城市数据资源底图开展指挥调度，包括预案启动、应急响应、现场标绘、任务分发、指令下达、资源调度、信息汇总、人员定位等功能。突发事件处置通过系统启动预案，各级部门可自动接收应急职责，自动跟踪各自的应急响应情况。通过应急数据统一汇聚、分级共享的方式，市级系统可检索全市的应急资源，同时通过分权分域系统分发应急数据给下级单位。城市运行管理中心、现场指挥部、现场人员通过平台进行统一的任务部署、指令分发，实现突发事件处置过程中多个场所的信息互联互通。

2. 综合保障

实现应急预案、应急物资、救援力量等信息的统一管理，构建城市综合保障的统筹能力，并实现市、区/县、街道三级共享服务。市级系统统一数据接口规范，统筹全市的应急数据，实现分级管理、统一汇聚、分级共享。各区/县级系统常态化更新维护应急数据，并实时上传到市级系统。各级系统在突发事件处置过程中，可根据分配的数据共享权限查询相关数据。

4.3 业务架构

依托城市大脑整合状态感知、建模分析、城市运行、应急指挥等功能，聚合公共安全、规划建设、城市管理、应急通信、交通管理、市场监管、生态环境监测、民情感知等领域，实现态势全面感知、趋势智能研判、协同高效处置、调度敏捷响应、平急快速切换。在原有部门垂直业务应用基础上，城市大脑对横向融合型场景具备较强的支撑能力。

城市大脑通过业务应用场景为公众侧和政府侧提供场景式服务。公众侧包括市民和企业，市民和企业可以通过线上、线下服务渠道，体验融合在生活中的具备较强业务协同性的应用场景。政府侧以政府为主要对象，以数据流动打破部门间壁垒，打造统一的政府工作体系，以城市运行管理中心为行政载体，形成数据融合支撑业务应用的数字政府格局。城市大脑业务架构如图 4-3 所示。

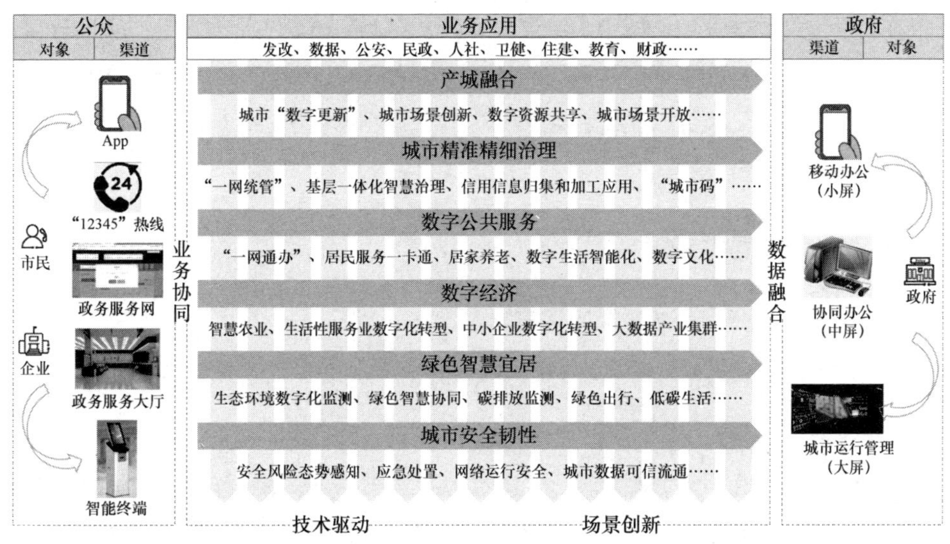

图 4-3　城市大脑业务架构

城市大脑作为智慧城市建设的核心部分，通过其开放的业务架构，为用户和各种应用场景之间搭建了紧密的逻辑关系。城市大脑的业务应用场景广泛涵盖产城融合、精准精细治理、数字公共服务、数字经济、绿色智慧宜居和城市安全韧性等多个领域，旨在支持城市的综合发展。城市大脑在业务的实现过程中，以业务协同和数据融合为主要特征。

（1）业务协同。通过将业务应用与具体场景相结合，城市大脑可以提供更贴近实际需求的服务。公众侧包括市民和企业，市民可以通过 App、“12345”热线和政务服务网等渠道，享受融合在生活中的各种应用场景和便捷的服务。企业可以通过政务服务大厅和智能终端等方式，与政府进行业务协同，实现更高效的合作。

（2）数据融合。通过整合各个部门和机构的数据资源，城市大脑实现了数据的共享和交流。政府侧以政府为主要对象。通过统一办公自动化、移动办公和城市运行管理中心等基础设施，城市大脑能够消除信息孤岛，提高数据的利用价值。这种数据融合的能力使城市大脑能够更好地支持城市的发展，提供更高效、更便捷的服务。

通过业务协同和数据融合、技术驱动和应用创新，城市大脑的业务架构实现了各业务应用之间的紧密连接，能够更好地满足不同用户群体的需求，将政府、市民和企业的需求与实际场景相结合，提供个性化、高效的服务体验。例如，在政务领域，城市大脑通过整合政务数据、智能决策和在线服务功能，提供更便捷、更高效的政务服务；在精准精细治理领域，城市大脑通过整合公安、交通等部门的数据，实现智能安全防控和城市管理；在数字公共服务领域，城市大脑通过数据分析和智能推荐，为市民和企业提供个性化服务；在数字经济领域，城市大脑通过整合产业数据和创新资源，促进产业升级和创新发展。

4.3.1 业务需求

城市大脑的业务应用场景纵向涵盖发改、公安、民政、人社、卫健、住建、教育、财政等多个领域。面向各领域的业务需求，城市大脑发挥着不同的作用。

1. 发改领域

城市大脑在城市发改领域的应用主要包括经济数据分析、产业规划和项目管理等。通过对经济数据的整合和分析，城市大脑可以为决策者提供准确的经济态势分析和发展趋势预测，帮助决策者制定科学的发展规划。同时，城市大脑可以对各类项目进行管理和监测，提供项目进展情况的实时监控和风险预警，为发改工作提供可靠的决策支持。

2. 公安领域

城市大脑在公安领域的应用涵盖智慧安防、警情研判和犯罪预防等方面。通过整合公安相关的数据资源，城市大脑可以应用视频监控、人脸识别、车牌识别等技术，建设智能安防系统以提升城市的安全防控能力。同时，城市大脑可以通过数据分析和挖掘，辅助公安部门进行警情研判和犯罪预防，提高公安部门工作的精准性和效率。

3. 民政领域

城市大脑在民政领域的应用主要涉及社会救助、社区服务和养老服务等方面。通过整合民政相关的数据资源，城市大脑可以实现社会救助的信息化管理和服务优化，提供更加精准和高效的救助支持。同时，城市大脑可以通过智能化的社区服务平台，为居民提供便捷的社区服务，如社区活动信息发布、居民健康管理等。城市大脑还可以支持养老服务的智能化管理和医疗资源的优化配置，提升养老服务的质量和效率。

4. 人社领域

城市大脑在人社领域的应用主要涉及人力资源管理、社保管理和就业服务等方面。通过整合人社相关的数据资源，城市大脑可以实现人力资源的信息化管理和智能化匹配，提供更加精准和高效的招聘与就业服务。城市大脑还可以实现社保数据的集中管理和智能化审核，提升社保管理的准确性和服务效率。

5. 卫健领域

城市大脑在卫健领域的应用主要涉及健康管理、疫情监测和医疗服务等方面。通过整合卫健相关的数据资源，城市大脑可以建立和管理个人健康档案，提供个性化的健康管理和预防服务。城市大脑可以通过数据分析和挖掘，实现疫情监测和预警，支持公共卫生和疾病防控工作。此外，城市大脑可以实现医疗资源的智能调度和预约，提升医疗服务的质量和效率。

6. 住建领域

城市大脑在住建领域的应用主要涉及城市规划、房屋管理和市政设施维护等方面。通过整合住建相关的数据资源，城市大脑可以实现城市规划的智能化分析和决策，提供科学的城市发展规划和空间布局。城市大脑还可以实现房屋信息的统一管理和智能化交易，提升房屋管理和交易的便捷性与公正性，并监测和维护市政设施的运行状况，提供及时的维修和改善措施，提升市政设施的可持续发展能力。

7. 教育领域

城市大脑在教育领域的应用主要涉及学生管理、教育资源调配和在线教育等方面。通过整合教育相关的数据资源，城市大脑可以实现学生信息的综合管理和个性化教育服务，提供精准的教育资源调配和学生发展指导，支持在线教育的实施，提供在线教学平台和资源共享，促进教育的创新和普及。

8. 财政领域

城市大脑在财政领域的应用主要涉及财政预算、财务管理和资金监管等方面。通过整合财政相关的数据资源，城市大脑可以实现财政预算的智能化编制和执行，提供科学的财政决策和资金分配，以实现财务数据的集中管理和智能分析，提升财务管理的准确性和效率。通过数据监管和风险预警，城市大脑可以加强对资金使用的监管和控制，提高财政资金的安全性和效益。

4.3.2 业务应用

4.3.2.1 产城融合

随着城市化进程的加快，城市中存在资源配置不均、交通拥堵、环境污染等问题。产城融合作为一种新型城市发展模式，强调产业与城市发展的协调，通过产业的集聚和优化，带动城市功能的提升和完善，实现经济、社会、环境的可持续发展。城市大脑能够分析城市产业分布，提出产业布局优化方案，促进产业集群发展。通过实时交通数据分析，城市大脑能够优化交通流，减少拥堵，提高交通效率，智能监测城市能源消耗，优化能源分配，推动绿色能源的使用。同时，城市大脑能够实时监测城市环境质量，及时响应环境问题，实施有效治理。基于城市大脑的数据分析，决策者可以制定科学的城市规划，指导城市可持续发展。

以城市大脑建设为契机，加快促进产城融合发展，通过产城融合赋能城市空间开发利用、赋能郊区新城，利用数字化技术促进街区、商圈等城市微单元基础设施的智能化升级，推动物理城市向数字化、网络化、智能化方向转变，打造虚实协作的数字孪生城市。产城融合是城市功能和产业发展协同共进与良性互动的动态过程，未来城市与产业的融合发展必将呈现出城市功能智能化、产业结构高级化、居民生活人性化等特征。产业是城市发展的助推器，城市是产业发展的平台，在城市大脑的推动下，两者的融合是未来智慧城市可持续发展的重要路径。

4.3.2.2 城市精准精细治理

城市大脑的应用在城市精准精细治理场景中起到了重要的作用，促进了社会各方的参与和共治，打通了数据治理流程，增强了社会治理能力。在城市大脑的支持下，社会各方可以通过线上、线下的服务渠道，享受由城市大脑提供的具有业务协同性的应用场景服务，从而提升城市治理的效率和质量。城市精准精细治理涉及的相关方众多，包括政府机构、居民社区、企事业单位等，城市大脑的应用为这些相关方提供了全新的可能性。对政府机构而言，城市大脑可以帮助其更加科学地制定政策，提供决策支持，增强治理能力。政府可以通过城市大脑平台获取大量的实时数据，如人口统计、交通流量、环境监测等，通过数据分析和挖掘，对城市的运行状况进行深入了解，从而更好地调整政策和配置资源，适应城市的发展需求。例如，城市大脑分析出某个区域的交通拥堵问题日益严重，政府据此调整交通政策、优化道路规划或增加公共交通资源，从而提升交通效率，改善居民的出行体验。对居民社区而言，城市大脑可以帮助居民更好地参与社区治理和公共事务决策。城市大脑提供了社区人口分析功能，可以帮助政府和居民社区进行信息共享与协同工作，实现更好的社区管理和公共事务决策。通过城市大脑平台，居民可以获取关于社区治安、环境卫生、文化活动等方面的实时数据和信息，了解社区的情况，提出建议和意见，参与社区治理。例如，城市大脑分析出某个社区的环境质量存在问题，居民据此通过平台上的反馈渠道向相关部门提出建议和意见，推动环境改善措施的实施。

通过城市大脑，不同的政府部门可以进行信息共享和协同工作，实现更好的治理效果。例如，在防汛防台应急联动方面，城市大脑可以协助相关部门进行防汛防台数据分析和预测，提供科学的决策依据和决策支持，实现精细化的应急响应。城市大脑还可以对城市进行网格化管理，将城市划分为不同的网格，对每个网格进行细致的管理和监测，提高治理的精准性和效率。

通过城市大脑，公众可以更方便地参与城市治理和决策过程，提供意见和建议，共同推动社会的发展。城市大脑提供的数据和信息有助于公众加深对城市运行情况的了解，提高社会各方的参与度和满意度。在城市大脑平台上，公众可以获取丰富的城市信息，如交通状况、环境质量、公共设施等，从而更好地了解城市的运行情况，做出个人的决策和规划。

将城市大脑与社会治理场景相结合，可以实现数据驱动的决策和管理，提高城市治理的智能化水平，推动城市的可持续发展。未来，城市大脑的应用将继续深入，为城市的社会治理和公共服务提供更加全面、精准、高效的支持。

4.3.2.3 数字公共服务

城市大脑为城市的居民和企业提供个性化、精准的服务，通过精准服务场景实现居民对城市管理的参与和共同治理。城市大脑基于大数据分析和智能算法，能够准确洞察居民和企业的需求，为他们提供符合其独特需求的解决方案和服务。通过提供个性化、精准化的服务，极大地提升居民和企业的满意度与参与度，推动城市的可持续发展。

在精准化为民服务方面，城市大脑通过对居民生活的全面观察和分析，为居民提供定制化服务。通过大数据分析，城市大脑可以了解居民的生活习惯、消费偏好、健康状况等信息，并根据这些信息为居民提供个性化服务。例如，在健康管理方面，城市大脑可以根据居民的健康状况和医疗需求，提供定制化的医疗服务和健康咨询，帮助居民更好地管理自己的健康。城市大脑通过对居民健康档案的分析，提供个性化的健康建议和预防措施，如定期提醒居民进行体检、接种疫苗或进行特定的健康检查。此外，城市大脑可以根据居民的交通需求，提供精准的交通服务，如实时交通信息、最佳出行路线规划等，帮助居民解决交通拥堵和停车难的问题，提高居民的出行效率。

对企业而言，城市大脑通过对市场需求和竞争情报的分析，为其提供个性化、精准的服务。城市大脑可以帮助企业根据消费者的需求和偏好调整产品与服务策略，提供更符合市场需求的产品和服务。通过市场分析和市场预测，城市大脑可以为企业提供相关的市场信息和竞争情报，帮助企业了解市场动态，制定合适的营销策略，提升企业竞争力。例如，在零售行业，城市大脑通过对消费者购买行为的分析，为企业提供个性化的推荐服务，帮助消费者更好地选择适合自己的产品，同时提高企业的销售额和消费者满意度。在餐饮行业，城市大脑可以根据消费者的偏好和口味，为餐厅提供个性化的菜单推荐，帮助餐厅提升用户体验和满意度。

城市大脑的精准服务功能还可以在其他领域实现。例如，在居民租房方面，城市大脑通过对房屋租赁数据的分析，为租房者和房东提供透明、公正的租赁服务，提高租房市场的效率和公平性。通过分析租房者的需求和房东的房屋信息，城市大脑可以帮助租房者找到符合需求的房屋，同时为房东提供更高效的租房渠道，提高房屋的出租率和收益。

通过城市大脑的精准服务，居民和企业可以享受更加个性化、便捷的服务体验。

城市大脑通过对大量数据的分析和挖掘，快速响应居民和企业的需求，并提供相应的解决方案。居民和企业可以通过城市大脑平台随时随地获取所需的服务和信息，提高工作效率和生活品质。这种精准服务不仅提高了居民和企业的满意度与参与度，也促进了城市的发展和进步。通过城市大脑的应用，城市的治理能力得到了提升，社会各方参与城市管理的积极性也得到了提高。

未来，随着技术的不断创新和城市大脑的进一步应用，精准化为民服务将更加普及和完善，为城市的居民和企业带来更好的福利与发展机遇。随着城市数据的不断积累和丰富，城市大脑将能够提供更加精准的服务和决策支持，为城市的可持续发展提供更强大的支撑。同时，城市大脑的应用将面临一些挑战，如数据隐私保护、数据安全等，需要在技术和制度方面做好相应的保障措施。

4.3.2.4 数字经济

城市大脑在数字经济场景中的应用，对城市的经济发展和创新起到了重要的促进作用。通过构建数字经济全景洞察、产业园区画像等能力，城市大脑为企业和政府提供全面的数据支持与智能决策，支持和推动数字经济的发展。

1. 数字经济全景洞察

通过对城市产业链的全面观察和分析，城市大脑可以为企业和政府提供产业发展的整体情况与趋势。通过对各个产业环节的数据分析和挖掘，城市大脑可以为企业和政府提供产业规模、产值、就业情况、竞争格局等综合信息，帮助其了解产业的发展现状和潜力，为其制定战略和政策提供依据。对企业来说，全景洞察功能可以帮助其了解市场需求和竞争态势，从而制定适应市场变化的发展战略。通过对产业链各个环节的数据分析和挖掘，城市大脑可以揭示产业的发展趋势、市场规模和竞争格局等关键信息。企业可以根据这些信息调整自己的产品和服务，抢占市场份额，提高竞争力。此外，企业可以利用全景洞察功能了解不同产业之间的关联度和协同机会，寻找潜在的合作伙伴，实现资源共享和互利共赢。对政府来说，全景洞察功能可以帮助其了解产业的发展状况，制定有针对性的产业政策，推动产业转型升级。通过对产业链各个环节的数据分析和挖掘，城市大脑可以为政府提供准确、全面的产业信息，包括产业规模、产值、就业情况、竞争格局等。政府可以根据这些信息制定相应的产业政策，引导和支持产业的发展，促进产业的升级和创新。此外，政府可以利用全景洞察功能评估政策实施的效果和影响，及时调整政策措施，提高政策的科学性和有效性。

2. 产业园区画像

通过对产业园区的数据分析和可视化展示，城市大脑可以为企业和政府提供园区内企业的分布情况、发展状况、产业关联度等详细信息。这些信息可以帮助企业和政府评估园区的发展潜力，并制定相应的政策措施来推动园区的发展繁荣。对企业而言，产业园区画像功能为其提供了了解园区内其他企业的业务特点和发展方向的机会。企业可以通过分析园区内企业的分布情况，了解产业聚集度和协同机会，从而寻找合作伙伴和创新机会。此外，企业可以通过产业园区画像了解竞争对手的情况，制定相应的竞争策略，提升自身的竞争力和市场占有率。对政府而言，产业园区画像功能可以为其提供园区内企业的发展情况，为园区的规划和管理提供支持。政府可以通过产业园区画像了解园区的产业结构和发展状况，评估园区的潜力和优势，为制定产业政策和促进园区的发展提供依据。此外，政府可以利用产业园区画像了解园区内企业的需求和问题，提供相应的支持和服务，营造良好的投资环境和创新氛围。通过产业园区画像，企业和政府可以共同推动园区的发展，形成良好的产业生态系统。企业可以通过合作和创新共同开拓市场、实现共赢。政府可以通过制定政策和提供支持来促进园区的协同发展与经济增长。

4.3.2.5 绿色智慧宜居

绿色、可持续发展是智慧城市建设的重要理念和内容之一，城市大脑在打造绿色、可持续、智慧宜居空间方面发挥着重要作用。通过实时监测城市的污染排放情况，城市大脑可以发现和识别污染源并及时采取相应的措施，打造智慧高效生态环境数字化监测体系。依托城市大脑丰富的数据资源和业务支撑能力，在绿色智慧宜居方面的典型应用场景包括以下两个。

1. 智慧能源

智慧能源可以通过提高能源利用效率、优化能源结构、推广低碳交通和建设智慧社区等多种手段，助力城市低碳发展，减少碳排放，为城市的可持续发展做出贡献。在“双碳”时代，数据是驱动智慧建筑绿色运营的关键，回归用户体验则成为智慧城市发展的最终目标。通过全面整合电力、燃气、燃煤等能源数据，城市大脑可以为政府提供城市能源运行综合支持应用，优化能源资源配置流程，辅助政府制定能源规划、板块布局、产业调整等重大决策，提升城市的精细化管理水平。城市大脑利用以能源数据为核心的多模态数据汇聚分析处理中心，打造能源领域支撑能力。通过“地理信息系统+城市信息模型”的方式对城市能源进行规划管理，推动实现碳迹追踪、节能减排等降碳目标。

2. 绿色出行

运用大数据、人工智能、车联网等技术，城市大脑可以实时分析、预测、调控交通运输运营状态，缓解和解决交通运营中的问题，促进交通运营效率、道路通行能力的提升，实现人员、车辆和环境的协同。城市大脑引领城市公交服务创新升级，强化公交智能调度能力，全面应用城市公交一卡通互联互通、移动支付同步等技术。通过打通公共交通数据和支付数据，城市大脑可以为市民提供整合多种交通方式的一体化、全流程智慧出行服务。

4.3.2.6 城市安全韧性

城市安全韧性是指从管理、技术、制度等多个方面持续推进城市治理现代化，统筹发展和安全，切实提升城市应急管理能力和可持续发展能力。通过充分利用大数据、人工智能等信息技术，城市大脑可以对城市体征进行实时监测、研判、预警，第一时间感知风险动态，提出有效的应对策略，提高城市防灾减灾能力、韧性发展能力。依托城市大脑搭建与拓展安全应用场景，积累和沉淀算法，扩大智能化手段的覆盖面，及时发现城市运行中的安全弱项、风险短板，促使城市“规划—建设—运行”全过程具备安全韧性的特征。典型场景包括以下 3 个。

1. 安全生产监测

城市大脑可以融合企业危险源视频、生产监测数据、危化品特性数据、重大危险源数据等，提供生产场所监测预警、事故上报、事故现场监测、安全生产企业画像等业务功能，结合人工识别和智能识别手段，降低安全事故发生率，转变安全生产监测模式。

2. 联动应急处置

应急指挥是城市安全与应急管理工作的核心业务，涉及值班值守、预案管理、应急资源管理、指挥调度、信息发布、通信保障等各项应急指挥能力建设。运用多源数据融合、大数据关联分析、机器学习、案例推演、可视化指挥等技术，城市大脑可以建立应急决策知识库、专家库，采用系统智能推送与人工干预相结合的模式，提供智能辅助决策能力。通过融合通信平台，城市大脑可以实现语音、视频、数据、图像的融合调度，提供可视化指挥决策能力。

3. 数据可信流通

随着各地公共数据授权运营工作的逐步落地，公共数据通过与社会数据、个人数据的融合创新，在金融、医疗、交通、教育、文旅等越来越多的应用场景中发挥着社会生产要素的关键性作用。基于城市大脑，为数据要素流通提供数据全生命周期管理能力，包括数据集成、数据存储、数据开发、数据目录管理、数据架构、数据质量管理、数据服务等，支持公共数据流通过程中不同参与方的多租户隔离能力，保障公共数据流通安全，实现公共数据的统一开发与合规利用，确保公共数据资源在授权范围内“可见、可得、可用、可溯源、可审计”。

4.3.2.7 数字政府

城市大脑的数字政府场景为政府机构提供了一体化的数字化服务，旨在提升政府的运行效率和服务效能，并促进监管的智能精准。通过数据融合和共享，城市大脑打破了不同部门之间的壁垒，实现了信息的共享和协同。在城市大脑的支持下，政府能够更加高效地运转，提供更好的公共服务。典型应用包括以下几个。

1. 政府服务“一网通办”

通过城市大脑的政府服务“一网通办”功能，建立统一的政务服务入口，将各类服务整合到一个平台上，为市民和企业提供便捷的在线服务。政府服务“一网通办”平台整合了各个政府部门的服务，涵盖了各类政务事项，如办理证照、申报税务、查询社保、处理交通违法事件等。市民和企业只需要通过一个平台即可办理多个部门的政务事项，免去了在各个部门排队的麻烦，节省了大量时间和精力。通过政府服务“一网通办”平台，市民和企业可以在线提交申请、查询办理进度、在线支付费用等。政府服务“一网通办”平台提供在线咨询和指导，帮助用户解答问题并提供相关信息。政府服务“一网通办”平台还提供个性化的服务推荐和定制化的服务体验，根据用户的需求和历史记录向其推荐合适的政务服务，以更加贴合用户需求的方式提供服务。在城市大脑的支持下，政府服务“一网通办”平台能够提供安全可靠的在线服务，提升政府的服务水平，方便市民和企业办理政务事项，打造高效、便捷的政府服务。

2. 政策调整和资源配置

城市大脑通过数据分析和预测，为政府部门提供科学的决策支持，帮助政府进行政策调整和资源配置。城市大脑可以整合来自各个领域（如交通、环境、经济等领域）的数据，并进行深入的分析和挖掘。通过对这些数据的分析，城市大脑可以提供对城市发展的全面认知，揭示潜在的问题和发展趋势。政府可以根据城市大脑提供的数据反馈及时调整政策和资源配置，以适应城市的发展需求。例如，城市大脑分析出交通拥堵问题日益严重，政府可以相应地调整交通政策，优化道路规划或增加公共交通资源；城市大脑分析出某个区域的经济活力下降，政府可以通过资源调配或引导政策促进该区域的经济发展。城市大脑还可以进行预测和模拟，帮助政府评估政策的效果和风险。政府可以利用城市大脑提供的预测结果，制订更加科学和可行的政策方案，降低政策调整的风险。通过城市大脑的支持，政府可以更加准确地了解城市的发展现状和未来发展趋势，做出更加科学和有效的决策。这种数据驱动的政策调整和资源配置可以提升政府的治理能力，促进城市的可持续发展。

3. 企业公民精准认证

通过城市大脑的企业公民精准认证功能，政府可以整合不同部门的数据，对企业进行精准认证。这种数字化认证可以帮助政府确保企业的合规性和诚信度，维护市场秩序和公平竞争环境。通过数字化认证，政府可以更加有效地监管企业。政府可以收集和分析企业的相关数据，如企业的注册信息、财务状况、税务记录等，从而全面了解企业的运营情况。基于这些数据，政府可以评估企业的合规性，确保企业按照相关法规和政策要求进行经营活动。数字化认证还可以帮助政府检测和预防企业的违法行为。政府可以通过数据分析发现企业可能存在的违法违规行为，并及时采取相应的监管措施，以维护市场秩序和公平竞争环境。通过企业公民精准认证，政府可以实现对企业的精细化监管，提升监管的效能和准确性。这也有助于增强企业的诚信意识，推动企业按照规范和法律要求进行经营，促进经济的健康发展。

4. 数据溯源监管

数据溯源监管可以帮助政府实现对产品生产环节的监管。通过追溯产品的原材料来源、生产过程和流向情况，确保产品的安全和质量。城市大脑可以整合不同部门的数据，包括原材料供应商的信息、生产企业的生产过程数据、物流信息等。通过这些数据，政府可以对产品进行溯源，了解产品从原材料采购到生产加工再到流向市场的全过程。政府可以利用溯源数据进行监管，及时发现和应对食品安全等问题。如果某个产品出现质量问题或安全隐患，政府可以通过溯源数据找到问题的源头，并采取相应的监管措施，包括追溯受影响的产品、召回不合格产品、处罚违法企业等。数据溯源监管还有助于提高产品的质量和安全水平。政府可以通过对溯源数据的分析，了解产品生产过程中存在的潜在风险和问题，提出相应的改进措施，以确保产品的质量和安全。通过城市大脑的数据溯源监管功能，政府可以实现对产品生产环节的全面监管，保障公众的权益和消费者的安全。这种监管方式可以提高监管的准确性和效率，同时可以促进企业的自律和产品质量提升。

5. 运行监管

城市大脑可以帮助政府实现对各类监管对象的全面监督，并提升监管的效果。通过数据分析和挖掘，城市大脑可以对监管对象的行为进行监测和评估，及时发现违法违规行为，加大监管力度。城市大脑可以整合各种数据，包括监管对象的经营数据、行为记录、公共数据等，对这些数据进行分析和挖掘，生成监管对象的行为模式和趋势，以及异常行为的预警。政府可以利用城市大脑提供的监管信息对监管对象进行全面监督。通过分析监管对象的行为数据，政府可以识别出潜在的违法违规行为，及时采取措施进行调查和处罚，防止事态扩大。城市大脑还可以提供可视化的监管报告和数据分析结果，帮助政府进行监管决策和规划。政府可以根据这些数据分析结果制定相应的监管政策和措施，有针对性地加强对监管对象的监督和管理。通过城市大脑的支持，政府可以实现对各类监管对象的全面监督，提升监管的效果和准确性，助力维护社会秩序、保护公共利益，促进经济的健康发展。

4.4 数据架构

城市大脑数据架构包括原始数据库、归集数据库、基础数据库、主题数据库、专题数据库五大数据库，以及数据汇聚、数据治理、数据服务、数据安全等功能，如图 4-4 所示。

4.4.1 五大数据库

1. 原始数据库

原始数据库反映了城市大脑的视觉、听觉、触觉等感知能力，扮演着城市信息采集者和记录者的关键角色，支撑数据血缘追踪和信息溯源，负责汇聚和记录城市运行过程中的多维度实时原始数据，如交通流量、空气质量、城市部件状态、市政管线运行情况等，甚至市民的手机信号和社交媒体活动。它就像城市的脉搏一样，

时刻保持运转和活力，反映城市的实时状态和运行情况，为城市的管理和规划提供有力的支持。

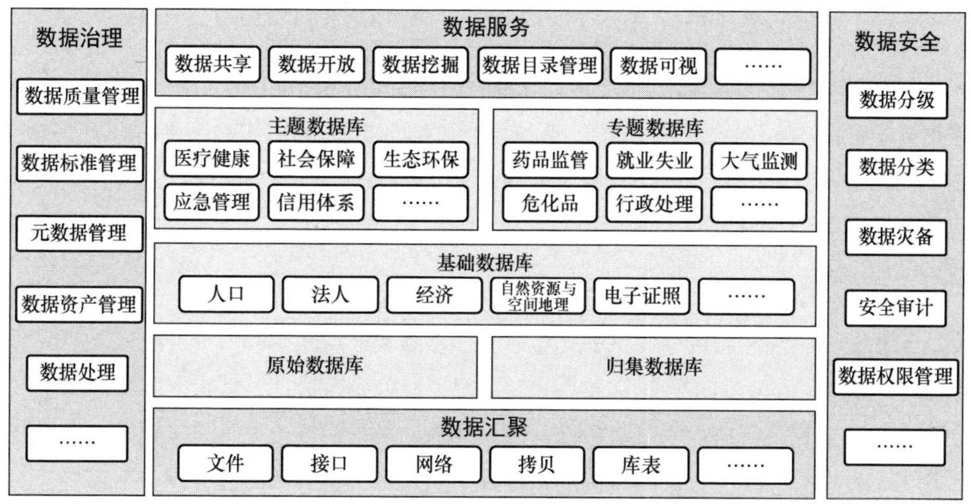

图 4-4 城市大脑数据架构

随着物联网、大数据分析等技术的不断发展，原始数据库不断丰富和完善，从而为城市大脑系统提供更多元、更精准的数据资源。城市大脑需要利用实时、全面的数据，对城市运行状态和趋势进行分析。通过原始数据库收集的数据，城市大脑可以分析交通拥堵状况，调整信号灯配时；监测空气质量，采取相应的环境保护措施；根据用户行为数据优化公共交通线路，提高市民出行的便利性。这些数据的应用和分析使城市大脑系统更加智能化、高效化，为城市的可持续发展和市民生活质量的提升等提供了强有力的支持。原始数据库作为城市大脑系统的数据源头，对城市的可持续发展和智能化建设具有不可替代的重要作用。

2. 归集数据库

归集数据库扮演着数据加工处理和信息整合的关键角色，是城市大脑的“数据分析员”，负责将原始数据进行清洗、整理、加工，用于提供数据分析和挖掘。归集数据库提供了经过处理和汇总的数据，为城市大脑系统奠定了深入、全面的数据分析和挖掘基础。其作用不仅在于提供经过加工处理的数据信息，还在于促进城市的数据驱动发展和决策优化。利用经过归集数据库整合处理的数据，城市大脑系统可以深入分析城市的运行状况，发现问题，找出痛点，并采取相应的方案和措施。这种基于数据的决策模式不仅能提高城市管理的效率和质量，还能促进城市发展的智能化和可持续性。

因此，归集数据库作为城市大脑系统的信息加工中枢，对提升城市治理能力具有重要作用。

3. 基础数据库

基础数据库存储城市人口、法人、经济、自然资源与空间地理、电子证照等基础数据，是城市大脑的“基础知识库”，提供了城市的基本信息和数据，如城市道路网络、建筑物分布、人口密度、土地利用情况等。它就像城市的骨架和血脉，记录着城市的运行和发展。

基于基础数据库，城市大脑能够对城市的基本状况有一个清晰的认识，为城市规划、资源配置、政策制定等提供数据支撑。通过基础数据库中的道路网络数据，城市大脑可以优化交通流向；通过建筑物和公共服务设施分布数据，城市大脑可以制定城市规划和土地利用策略；通过清晰准确地掌握基础数据，城市大脑可以更好地规划城市的未来发展路径，提升基础设施的运行效率。基础数据库的持续完善和更新将为城市大脑系统提供更全面、更可靠的数据支持，推动城市向智能、可持续的方向发展。

4. 主题数据库

主题数据库是城市大脑系统中的重要数据档案，按照特定行业领域分类存储数据，将具有相似主题的数据集成在一起，如医疗健康、社会保障、生态环保、应急管理、信用体系等主题数据，提供不同领域的专业数据。主题数据库囊括了某一特定领域或主题的广泛信息，将海量数据转化为高度关联、易于理解且富有洞察力的信息资源，索引和检索非常便捷，具有较高的信息质量。通过深度挖掘主题数据库中的数据，城市大脑可以及时发现问题，制订相应的方案和策略，实现城市管理的个性化和针对性，使决策过程更加智能和高效，进一步提升城市的发展水平和服务质量。

5. 专题数据库

专题数据库是城市大脑系统中的“专家知识库”，通过衔接基础数据库和主题数据库，存储特定事件或问题的数据信息，支持与特定专题相关的深度统计分析、模型训练、规则推理、标签画像等高级数据分析操作。专题数据库信息的收集和整理通常围绕某项特定业务展开，如药品监管、就业失业管理、大气监测、危化品管理、行政处理等，提供多种类型的信息资源，包括文献、数据、图表、报告等，便于对特定业务进行深度挖掘和分析。这个数据库就像城市大脑的“安全防护壁垒”，提供了在特定情况下的数据支持，使城市大脑在面对突发事件和紧急情况时，能够迅速做出应急响应和决策。专题数据库的数据管理和更新有助于提升城市大脑系统的应急响应能力。

4.4.2 数据汇聚

数据汇聚是将不同来源和不同格式的数据进行采集、整合的过程。应秉持“应汇尽汇”的基本原则，围绕城市大脑的业务需求，对海量多源异构数据资源进行汇聚，实现分散数据资源的统一集成。

数据汇聚能力的构建依托先进的分布式建构设计，着眼于 EB（艾字节）级超大规模数据的承载与处理需求，构筑一套涵盖数据探查、数据读取、数据对账、断点连续、任务管理、解密解压、数据分发等数据全过程周期管理的技术栈。在数据接入方式上，系统应广泛支持文件接入、接口调用、网络抓取、数据拷贝及库表直连等多种方式，确保各类数据源的全面覆盖。同时，系统应具备对结构化数据库、半结构化文档、非结构化文本及各类二进制文件的广泛读写支持，确保各类数据形态在汇聚体系中顺畅地流转。构建数据汇聚能力可以解决数据资源在集中汇聚过程中经常出现的分散孤立、源头繁杂、跨网传输等难题，实现数据资源的深度整合与统一管理，为后续的数据处理、分析、挖掘及应用创新奠定坚实的基础。

4.4.3 数据治理

城市大脑的数据治理体系涵盖数据处理、数据标准管理、元数据管理、数据质量管理、数据资产管理等多个关键领域，旨在构建一个科学、规范、高效的数据治理框架，为城市大脑的数据价值挖掘与应用创新提供坚实的基础。

1. 数据处理

数据处理作为数据治理的基石环节，承载着从原始数据到有价值信息的转化重任，涵盖数据清洗、提取、关联、比对、标识等一系列数据规范化处理过程。按照业务使用规则或属性规则深度加工原始数据库中的数据，涉及去除冗余数据、修正数据错误、填补缺失值、剔除异常值等操作，以滤除数据噪声，提升数据质量，确保后续分析与应用的准确性和可靠性。在数据处理过程中，需要对数据进行转换和调整，包括数据格式转换、数据类型转换、数据标准化和归一化等操作，以便更好地满足分析和建模需求。数据转换和调整可以提高数据的可比性与可解释性，便于后续的分析和应用。同时，需要考虑使用何种类型的数据库、数据仓库及云存储等设施，以便更好地管理和利用数据资源。

2. 数据标准管理

数据标准是构建高效、规范的数据治理体系的基础，它为数据的采集、存储、处理、交换和应用确立了一套严谨、统一的行为准则与语言体系，以确保数据在不同场景、不同系统之间具有高度的互操作性和可理解性。数据标准的核心内容包括对数据业务属性和技术属性的系统化定义。在业务属性方面，数据标准对数据的内涵与外延进行了规范，包括数据的中文名称、业务定义和业务规则等；在技术属性方面，数据标准对数据的数字化形态与处理要求进行了严格规范，包括数据类型和格式等。数据标准体系涵盖多个层面，包括但不限于业务术语标准、公共编码标准、数据元标准、代码集标准、数据集标准等。有效的数据标准管理可以确保数据标准体系的科学性、权威性与适用性，进而提升数据质量，促进数据共享，支撑数据驱动的决策与创新。

3. 元数据管理

城市大脑元数据管理体系以业务元数据、技术元数据、管理元数据为核心轴线，构建对城市数据资产的立体化、多层次管理框架。

（1）业务元数据作为数据资产的“灵魂”，赋予数据行政内涵和社会价值，阐述数据的业务含义、来源、应用场景，以及业务流程、规则、指标之间的内在联系，为业务人员理解数据、运用数据提供直观而精准的向导。业务元数据的科学构建有助于提升城市治理的精准性与协同性，增进对城市这一复杂巨系统的深刻理解。

（2）技术元数据构成了数据资产的“骨骼”，决定了数据在信息技术架构中的形态与运动规律。它包括数据的采集方式、存储格式、编码标准、数据模型、算法逻辑、数据接口、传输协议、处理流程等技术属性，以及数据在物联网、云计算、大数据分析等现代信息技术环境中的分布、整合与交互情况。技术元数据的精确管理对保证城市数据的质量、一致性、可用性及互操作性具有决定性意义，是实现城市大脑高效运转的技术基石。

（3）管理元数据就像数据资产的“免疫系统”一样，能够保障数据资产在生命周期各阶段的合法合规、安全可控。它涵盖数据的生命周期状态、权限分配、安全级别、隐私保护、质量控制、法规遵从、审计追踪等治理要素，确保数据从采集、存储、处理到共享、销毁的全过程严格遵循法律法规、行业标准与道德规范。管理元数据以严谨的科学性、高度的透明度和灵活的适应性，有力推动城市数据资产的深度挖掘、高效利用和合规治理。

4. 数据质量管理

数据质量管理是确保城市大数据发挥资产价值、治理决策科学精准的重要模块。综合运用质量问题分析、质量评估规则管理、数据稽核策略管理、质量监控、评估、动态预警等技术手段，构建数据质量全过程周期闭环管理体系，从完整性、规范性、准确性、唯一性、一致性和时效性等关键维度，对数据进行全方位的质量分析，实现不同来源数据的逻辑校验与监测管理。通过建立数据质量评估标准与管理规范，为质量管理提供明确的衡量指标、阈值、权重，以及问题分类、分级、上报、处置流程规则，通过定期或实时的质量扫描，快速定位问题，实现问题的精准发现。针对发现的问题，系统进行全流程闭环管理，包括问题记录、原因追溯、责任归属、修复建议、整改执行、效果验证等。将数据质量问题及其解决方案转化为数据质量知识，纳入数据质量知识库加以管理，形成经验积累。同时，应用动态监测预警机制，当数据质量指标偏离正常范围或出现异常波动时，系统自动触发预警通知，提醒相关人员及时处理。城市大脑的数据质量管理通过构建科学的评估标准，实施全方位质量检测、高效闭环管理、智能化预警干预，为城市大脑提供坚实的数据质量保障。

5. 数据资产管理

数据资产管理是指对数据资产进行规划、控制和利用的一组活动职能，包括开发、执行和监督有关数据的计划、政策、方案、项目、流程、方法和程序，从而控制、保护、交付和提高数据资产的价值。数据资产管理必须充分融合政策、管理、业务、技术和服务，确保数据资产保值增值。数据资产管理首先聚焦数据资源化，即将各类原始的、零散的数据转化为可利用的数据资源。在数据资源化的基础上，推进数据资产化进程，对数据资源进行价值评估、分类标识、权责界定、确权登记等操作，将其转变为具有明确经济价值和法律地位的数据资产，逐步提高数据的价值密度，充分释放数据资源的潜在价值，为数据要素化奠定基础。

4.4.4 数据安全

城市大脑数据安全体系作为智慧城市建设中的核心防线，致力于构建全面、立体、动态的数据安全保障机制，确保数据在采集、处理、存储、利用、共享、传输等全过程周期中各环节的安全与合规。该体系以数据分级分类、数据灾备、安全审计、数据权限管理等关键技术能力为核心，构建一套兼顾数据保护与价值释放的综合性安全防护体系。

1. 数据分级分类

城市大脑数据安全体系高度重视数据分级分类管理，通过数据生产者、数据管理者、数据使用者等多方协同协商制定数据分级分类标准，建立完备、严密、灵活的数据分级分类体系。在具体实施过程中，城市大脑通过智能化的数据识别与标签化技术，自动或半自动地对城市数据进行精准分类与标记，确保数据在生成、流转、使用过程中始终保持清晰的等级标识。对于敏感数据与个人隐私数据，系统采取严格的访问控制、加密存储、脱敏处理等技术手段，确保其在合法合规的前提下得到安全、合理的使用，防止数据泄露、滥用等安全风险。

2. 数据灾备

城市大脑数据安全体系必须构建高效、可靠的数据灾备与恢复机制，以应对各类自然灾害、系统故障、人为失误等可能导致数据丢失或损坏的风险。采用分布式存储、多副本冗余、异地备份、热备切换等技术手段，确保在发生灾难性事件时仍能快速恢复数据，从而最大限度地降低数据损失造成的影响。此外，城市大脑定期进行数据备份与恢复演练，检验灾备系统的健壮性和响应速度，持续优化灾备策略和流程，以提高数据应急恢复能力。通过与业务连续性管理、应急预案等紧密结合，确保城市大脑在极端情况下仍能维持基本服务，保障城市治理的连续性与稳定性。

3. 安全审计

城市大脑数据安全体系必须构建全面、深入的安全审计与合规追踪能力，通过日志记录、行为分析、审计报告等手段，对数据全过程周期中的各类操作进行详细记录与实时监控。追踪数据从采集、处理、存储到利用、共享、传输的完整轨迹，确保任何对数据的访问、修改、删除等行为均可追溯、可审计。安全审计功能还支持定制化规则设置，可根据法律法规、行业规范、内部政策等要求，对特定数据操作、特定用户行为、特定时间段等进行重点审计，及时发现潜在违规行为，为数据安全管理与决策提供支持。结合人工智能、机器学习等技术，构建异常行为检测能力，通过识别并预警潜在的安全威胁，提升数据安全防护的主动性和前瞻性。

4. 数据权限管理

城市大脑数据安全体系必须实施精细化的数据权限管理，根据用户角色、用户职责、业务需求等因素，精确分配数据访问、操作、共享等权限，确保“权责一致、最小授权”。城市大脑数据权限管理支持多层级、多维度的权限设置，包括全局权限、业务权限、数据集权限、字段权限等，满足复杂组织结构与业务场景下的权限管理需求。此外，城市大脑数据权限管理支持动态权限调整、临时权限授予、权限回收等功能，确保权限管理的灵活性与适应性。通过与身份认证、访问控制、审计追踪等模块深度集成，形成完整的数据访问控制体系，有效防止非法访问、越权操作等安全风险。

城市大脑数据安全体系广泛应用数据脱敏技术，依托脱敏算法管理和多样化的数据转换方式，在充分满足各数据使用方业务需求的前提下，对数据资源实施有效保护，防止未经授权的数据泄露。脱敏算法管理涵盖替换法、泛化法、遮蔽法、扰动法等多种脱敏策略与方法，以满足不同类型、不同敏感等级数据的保护需求。数据水印作为城市大脑数据安全与隐私保护的重要技术手段，面向结构化数据和非结构化数据，实施伪行水印、伪列水印、脱敏水印、水印溯源等高隐蔽水印技术，不仅显著增强了数据的抗删除与防篡改能力，而且极大地提升了数据共享环境下被泄露事件的精准溯源效率，同时兼顾了对原始数据特性的最小化干扰，为数据资源遭遇非法泄露时提供了强有力的追踪与追责依据。

4.4.5 数据服务

城市大脑数据服务体系旨在构建一个全方位、立体化、智能化的数据资源共享生态，提供数据共享、数据开放、数据挖掘、数据目录管理、数据可视化等多元服务能力，为城市治理、民生服务、产业经济、生态宜居等领域的数据共享、开放、交易活动提供坚实的技术支撑与便捷的服务通道，驱动城市数据资源的深度整合、高效流通与创新应用。

1. 数据共享服务

数据共享服务通过构建安全、高效、可控的数据交换平台，利用数据授权、数据脱敏、数据服务编排等技术手段，确保在保障数据安全与隐私的前提下，实现城市大脑内部及与外部合作伙伴之间的数据按需共享。该服务支持灵活的权限管理，可根据数据敏感程度、用户角色、业务场景等因素动态调整数据访问权限，确保数据在合规、安全的前提下实现最大化利用。此外，数据共享服务提供数据订阅、数据推送、数据请求等功能，简化数据获取流程，提升数据使用效率，促进跨部门、跨系统的业务协同与决策支持。

2. 数据开放服务

数据开放服务旨在保障国家安全、个人隐私和商业秘密的前提下，推动城市大脑拥有的公共数据资源向公众、企业和社会组织开放，通过数据开放平台提供标准化、规范化的数据接口与服务，鼓励第三方基于开放数据开发创新应用、提供增值服务。该服务依托数据脱敏、数据匿名化、数据许可协议等技术，确保数据开放过程中的个人信息保护与数据安全。同时，数据开放服务提供数据开放目录、数据开放政策、数据使用指南等配套内容，方便数据使用者了解数据资源、遵循使用规则，营造透明、公平、活跃的数据开放环境，激发社会创新活力，充分释放数据红利，实现数据增值，构建数据要素市场。

3. 数据挖掘服务

数据挖掘服务利用机器学习、人工智能、大数据分析等先进技术，对城市大脑海量、多源、异构的数据资源进行深度分析与价值挖掘。该服务提供数据预处理、特征工程、模型训练、结果解释等一站式数据挖掘解决方案，支持分类、回归、聚类、关联规则、序列挖掘等多种挖掘任务，帮助用户发现数据中隐藏的规律、趋势、关联与异常，为城市治理、公共服务、产业规划等领域的科学决策、精准施策提供有力的数据支撑。此外，数据挖掘服务支持模型的持续优化与迭代，以适应数据动态变化与业务需求演进，确保数据挖掘成果的时效性与有效性。

4. 数据目录管理

数据目录管理利用资源分类与编目、目录注册、目录更新、目录服务、目录级联等技术，按照城市大脑数据资源目录标准规范，对城市大脑的数据资源进行统一管理，实现对数据资源的科学、有序和安全使用，为数据共享、开放、挖掘、可视化等服务提供支撑。

5. 数据可视化服务

数据可视化服务借助图形化手段，将复杂、抽象的数据信息转化为直观、易懂的图表等形式，帮助用户快速理解数据的内涵，洞察数据背后的价值。该服务支持丰富的可视化组件与模板，可根据数据特性和用户需求定制个性化的数据视图，实现数据的多维度、多层次、动态化展示。数据可视化服务还提供交互式探索功能，允许用户通过拖拽、筛选、钻取等操作深入探究数据细节，提升数据洞察力与决策效率。在城市大脑环境中，数据可视化服务广泛应用于城市管理驾驶舱、公众信息服务、业务监控预警、数据故事讲述等场景，有力地推动了数据的普及化理解与应用，提升了城市治理与公共服务的透明度和公众参与度。

第5章 城市大脑的核心技术能力

5.1 算力

5.1.1 技术能力概述

算力是城市数字基础设施的重要组成部分，是集信息计算力、网络运载力、数据存储力于一体的新质生产力。我国正在构建全国一体化算力网，以信息网络技术为载体，促进全国范围内各类算力资源高比例、大规模一体化调度运营。算力是激活数据要素潜能、驱动经济社会数字化转型、推动城市智能化转型建设的新引擎，是支撑数字经济蓬勃发展的重要底座，具有多元泛在、智能敏捷、安全可靠、绿色低碳等特征。城市大脑的建设有助于城市、区域的算力调度和算力利用，充分发挥算力基础设施的利用效率，并更好地服务于模型训练、算法推理等。城市大脑可以使算力更好地适配各种业务场景，其具备以下几个技术特征。

1. 算力种类丰富

算力由计算机、服务器、高性能计算集群和各类智能终端等承载，实现的核心是图形处理器/嵌入式神经网络处理器（Graphics Processing Unit/Neural-network Processing Unit，GPU/NPU）、中央处理器（Central Processing Unit，CPU）、现场可编程门阵列（Field-Programmable Gate Array，FPGA）、应用型专用集成电路（Application Specific Integrated Circuit，ASIC）等各类计算芯片，以及对应的计算架构。算力的部署具备系列化特征。例如，模型训练需要支撑不同规格（万卡、千卡、百卡等）的训练集群、边缘训练服务器；推理需要支持云上推理、边缘推理、高性价比板卡、模组和套件等。目前，我国已有8个国家算力枢纽节点进入落地应用阶段。算力供给结构逐步优化，包括超算中心、数据中心、智算中心等多种类型。

2. 数据存储需求增大

我国数据要素市场日趋活跃，根据全国数据资源调查工作组发布的《全国数据资源调查报告（2023年）》，2023年我国数据生产总量达32.85ZB（泽字节），同比增长22.44%，数据存储总量达1.73ZB。城市大脑复杂多样的业务场景带来了复杂多样的数据类型，全闪存、蓝光存储、硬件高密、数据缩减、编码算法、芯片卸载、多协议数据互通等技术快速发展。针对城市大脑业务的不同数据类型，城市大脑能够提供海量、稳定高性能和极低时延的数据存储服务，为特定业务场景提供专属数据访问、数据备份恢复机制及防勒索机制等安全能力，确保数据的安全、可用。

3. 系统适配性要求高

城市数字化应用范围广泛，不同的应用对城市大脑的算力要求存在差异，城市操作系统需要能够屏蔽不同硬件之间的差异，提供统一的接口，完成不同硬件的兼容适配，并提供良好的兼容性，为应用软件的部署提供尽可能多的便利；针对不同算力硬件的特征，城市操作系统需要进行针对性的优化，确保能够充分发挥硬件的能力。在多CPU协同、CPU和GPU协同、CPU和NPU协同的情形下，异构算力的协调调度是一项关键技术。

4. 资源利用需合理规划

为了适应业务的变化，数据库需要具备高性能、海量数据管理能力，以及高可扩展性、高可靠性、高可用性、高安全性、极速备份与恢复能力，支持大规模并发访问。城市大脑运行的各种应用和服务在不同的时间段对应的业务量是有差异的。为了合理利用智能底座的硬件资源，智能底座通过虚拟化、容器化、弹性伸缩、SDN 等技术，对外提供云基础服务能力，以提升资源的利用效率。

5.1.2 发展现状

人工智能是推动城市大脑升级的关键技术之一，其依托城市大脑提供大规模 AI 算力、海量存储及并行计算框架，支撑大模型训练，提升训练效率，提供高性能的存算网协同能力；针对城市大脑不同业务场景的需求，提供系列化的算力解决方案以适应各类场景，并开放系列化、分层、友好的能力。算力资源包括多样化的边缘计算设备，以支撑边缘推理和数据分析等业务场景需求。城市大脑的算力发展面临以下需求与现状。

1. 城市大模型亟须大规模算力的支撑

随着城市大模型训练参数规模的不断增长、训练数据集的不断增大，大模型训练过程中需要的硬件资源越来越多，时间也越来越长。需要通过硬件调度、软件编译优化等方式，实现最优的能力封装，为大模型训练加速，提升算力资源的利用率。同时，针对基础大模型、行业大模型、场景大模型的训练算力需求，以及中心推理、边缘推理的算力需求，提供系列化的训练及推理算力基础设施配置，根据业务场景按需选择，确保资源价值得到最大化利用。在数据存储方面，闪存技术具备高速读写能力和低延迟特性。随着闪存技术在堆叠层数与颗粒类型方面的突破，闪存成本持续走低，这使其成为处理 AI 大模型的理想选择。通过全局的数据可视、跨域跨系统的数据按需调度，实现业务无感、业务性能无损的数据最优排布，满足来自多个源头的价值数据快速归集和流动，以提升海量复杂数据的管理效率，直接缩短 AI 训练的端到端周期。

2. 城市大脑业务对算力要求差异较大

城市大脑不同场景、不同类型的大模型，根据参数规模和数据量的不同，对算力需求有很大的差异。在推理场景中，中心推理和边缘推理对算力的要求也不一样。行业用户可以根据实际业务场景选择不同的模组、板卡、整机、集群，获取匹配的算力，并可以在品类丰富的开源操作系统、数据库、框架、开发工具等软件中进行选择，屏蔽不同硬件体系产品的差异，帮助用户在繁荣的生态中选择合适的产品和能力，共同形成行业智能化的底座。

3. 业务对模型训练效率有较高要求

随着城市大脑大模型参数规模、训练数据量的不断增长，模型训练所消耗的时间不断增加，逐渐变得不可接受。传统的计算机“总线+网络”的数据传输方式成为提升效率的瓶颈。因此，需要使用算网协同的传输架构，以提升数据的传输效率和模型的训练速度。同时，网络需要参与计算，以减少计算节点的交互次数，提升 AI 训练性能。

4. 稳定性是算力的核心要求

在城市大脑业务的大模型场景下，一次模型训练往往要耗费数天甚至数月的时间，如果中间出现异常，将有大量的工作成果被浪费，从而耗费宝贵的时间和计算资源。为减少异常导致的训练中断、资源浪费，需要保证训练集群长期稳定，以及在出现极端情况时，能够灵活使用过程数据进行模型训练，减弱外部因素带来的影响。

5.1.3 发展方向

2024 年发布的《关于深化智慧城市发展　推进城市全域数字化转型的指导意见》（发改数据〔2024〕660 号）指出，统筹推进城市算力网建设，实现城市算力需求与国家枢纽节点算力资源高效供需匹配，有效降低算力使用成本。随着 AI 技术在城市大脑中的快速渗透与应用，各类大模型在城市中的应用层出不穷。城市大脑的算力发展方向包括以下两个。

1. 算力集群支撑城市数字化建设

城市大模型训练和推理需要大量算力资源与高质量的行业数据来支撑，并通过高质量的算力资源满足各场景业务的智能化需求。由于目前单卡性能有限，只有集群的模式才能满足大算力的需求，而 AI 算力集群是一个系统工程，需要兼顾计算、网络、存储等的跨域协同及优化，并支持弹性扩展，助力构筑高效协同的算力集群。通过承载和推动城市大脑走向实际应用的基础平台与关键设施，为城市大脑提供算力支撑能力。通过大规模分布式计算内核，将计算、存储和网络整合成统一的计算服务，并在此基础上提供云数据库、大数据处理、分布式中间件服务，从而为城市大脑提供足够的算力资源。

2. 算力协同体系提升城市基础设施效能

城市大脑需要泛在连接城市各行业应用、感知设备实时产生的海量、多维数据，其对算力的需求既包括低时延、大带宽，也包括大数据处理的高效性等。因此，构建一体化的安全可信“云+边+端”算力协同体系是重要的发展方向。云计算通过以大数据集中式处理和并发业务请求为主要特征的服务器集群、面向深度学习任务的 AI 服务器等云端计算设备，形成包含电子政务云、行业云和专业算力中心云等多种形态的云资源，构建城市大脑基础设施基座，实现弹性存储、即取即用，支持对多源异构大数据的高效处理，扩大数据规模，降低算力成本，加快数字化进程。边缘计算和端侧计算通过边缘推理服务器、边缘网关等中小规模边缘计算设备，进行小规模局部数据的轻量处理、存储和实时控制，支持敏捷连接、现场应用，实现数据分析和决策响应的快捷化、实时化。同时，根据业务需求的变化动态匹配和调度相应的算力资源，完成各类业务的高效处理和整合输出，并在满足业务需求的前提下实现资源的弹性伸缩，在全局上优化算力分配。

5.2 算法

5.2.1 技术能力概述

算法作为人工智能的一个重要分支，其数据处理、分析和预测能力将为城市大脑带来业务效能的提升，面向城市大脑的“一网统管”“一网协同”“一网通办”“一屏统览”等场景，提供城市视频感知、民生诉求问答、城市治理报告生成、视频多模态理解和开放事件发现等技术能力，构建“感知—认知—处置—决策”全流程智能化能力，为城市治理提供更全面和更精准的数据支持，赋能城市治理数字化转型。算法是指在已知的大量数据的基础上，按照预先设定的架构，由计算机运行，以创建学习模型的过程。算法技术能力主要包含以下几个方面。

1. 数据处理

数据处理是算法微调训练的重要基础，需要收集大量与行业相关的基础数据，并对这些数据进行清洗、标注和预处理，以便后续的模型训练和应用。原始数据集可以从项目业务数据、互联网公开数据、政务服务网站、规章制度、法律法规等来源中获取，也可以与行业内的相关企业或机构合作获取。在数据处理过程中，需要对数据进行去重、去噪、标注等操作，以保证数据的质量和准确性。

2. 模型微调训练

算法的核心是模型的训练与优化，需要根据业务选择合适的预训练模型，并根据具体需求对其进行微调和优化，以提高模型在应用场景中的效果和性能。在模型训练过程中，需要确定合适的超参数，选择合适的损失函数和优化算法，并进行迭代训练和验证，以提高模型的准确率和泛化能力。同时，需要考虑模型的规模和计算资源的限制，以满足城市大脑各业务场景的实时性和可扩展性要求。

3. 模型部署推理

模型部署推理是指将训练好的大模型部署到生产环境中，并通过推理服务对外提供预测和决策能力。通过持续集成和持续部署流程，自动化模型训练、测试和部署，实现持续的性能优化和更新。此外，通过实时监控模型性能和用户反馈，识别模型优化的方向，并快速迭代模型以响应环境和需求的变化。

4. 模型迭代优化

模型迭代是指对模型进行多次训练和优化的过程。在每次迭代中，模型都会根据训练数据和优化算法进行参数更新，以提高模型的性能。迭代过程可以持续进行，直到模型达到令人满意的性能指标或达到预设的迭代次数。模型优化是指在迭代过程中，通过调整模型的参数、结构或训练策略，提高模型性能，帮助模型更快地收敛，并提高模型的准确性和鲁棒性。通过不断迭代和优化，提高模型的性能和准确性，使模型更好地适应实际应用场景。

5.2.2 发展现状

城市大脑作为一个智能化系统，算法的技术能力是其核心支撑。算法在城市大脑中发挥重要作用，能够处理、分析和决策大规模、多样化的城市数据，为城市治理、民生服务、生态宜居和产业经济等方面提供支持。目前城市大脑中的算法已经得到广泛应用，数据挖掘、机器学习和深度学习等算法已经成为城市大脑的核心技术，能够对城市数据进行高效、准确的分析和预测。

1. 数据挖掘构建业务关联

数据挖掘使城市大脑能够从庞大的数据中挖掘出隐藏的模式、关联和趋势，提供洞察和决策支持。通过数据挖掘算法，城市大脑可以分析城市居民的消费习惯、出行模式、社交网络等信息，为城市规划和公共服务提供决策参考。例如，通过分析居民的消费数据，城市大脑可以了解城市中不同区域的消费特点，帮助零售商确定合适的商品定位和销售策略；通过分析城市交通数据，城市大脑可以挖掘交通拥堵的模式和原因，找出交通事故频发的区域，为交通管理部门制定相应的应对措施提供数据支撑。

2. 机器学习不断优化算法

利用机器学习进行算法的训练和学习，从数据中自动学习和优化模型，可以实现智能预测、分类和推荐等功能。城市大脑可以利用机器学习算法分析历史数据，预测人口流动趋势、交通拥堵情况等，为城市交通规划和交通管理提供支持。例如，通过机器学习算法，城市大脑可以分析城市居民的消费行为，预测市场需求，为商业决策提供依据；通过分析居民的消费数据和购买记录，城市大脑可以预测不同商品的需求量，帮助零售商确定合适的进货数量和时间。

3. 深度学习提升智能水平

通过深度学习算法不断提升城市大脑的智能化水平，使其具备更高的理解、推理和决策能力，充分识别城市中的交通设施和建筑物，为城市管理和规划提供支持。例如，利用深度学习算法分析城市的卫星图像，自动识别城市中的道路、建筑物等，帮助城市规划部门进行城市规划和土地利用规划；利用自然语言处理技术，分析居民的提问，提供相关的信息和建议。

5.2.3 发展方向

近年来，由于深度学习算法的突破和硬件计算能力的提升，大规模的算法开始广泛应用于自然语言处理、语音识别、计算机视觉等领域，包括城市管理、交通管理、环境监测、智能安防、规划和基层治理等，帮助管理者更精准地了解城市运行状况，制定科学的策略。城市大脑的算法技术未来将继续向多样化、智能化和自适应化的方向发展。随着城市数据的不断增长和多样化，算法需要适应更复杂的数据类型和场景，提供更准确、可靠的结果。智能化的算法将成为未来发展的重点，算法的自适应性也将得到强化，使城市大脑能够根据实时数据和变化的环境条件，灵活地调整和优化算法模型，从而具备更高级的认知和决策能力。面向城市大脑不同场景的痛点和核心诉求，算法的应用应结合行业经验和专业知识，打造更符合行业实际需求的场景应用新范式，赋能城市治理现代化。

1. 大规模数据处理是主要要求

数据对算法技术的应用至关重要，城市大脑的算法需要处理大规模、多样化的城市数据，包括人口数据、交通数据、环境数据等。为了获得可靠的数据支持，城市大脑需要建立完善的数据采集和管理机制。数据的质量和时效性对算法的准确性与效果有重要的影响。城市大脑需要确保数据的准确性、完整性和一致性，并具备实时更新数据的能力。为了处理大规模的数据，城市大脑还需要采用高效的数据处理和分析算法，以提高数据的处理速度和效率。

2. 构建算力以支撑算法的实现

为了实现算法的高性能运行，城市大脑需要配置强大的计算设备和大容量的存储设备。城市数据的处理和分析需要大量的计算资源与存储空间，以满足数据处理和计算的要求。这涉及采购和维护大规模的服务器集群、高性能计算机和分布式存储系统等设备。此外，为了提高算法的运行速度和效率，需要应用并行计算、分布式计算和 GPU 加速等技术。这些设备和技术的投入需要相应的资金与技术支持，以确保算法的高效运行和数据的及时处理。

3. 强化算法安全保障

随着算法技术的应用和数据处理量的增加，数据隐私和安全问题变得越来越重要。城市大脑所处理的数据涉及个人隐私和敏感信息，因此必须采取相应的隐私保护措施，保障居民的个人信息安全。这涉及数据加密、访问控制和隐私保护算法等技术的应用。为了确保数据的安全性，城市大脑需要建立完善的数据安全管理机制，包括数据的加密存储、访问权限管理和数据审计等。此外，城市大脑需要加强数据使用的合规性和对法律的遵循，确保数据的合法、正当和透明使用。

5.3 数据

5.3.1 技术能力概述

数据是城市大脑的血液，发挥着至关重要的作用。城市大脑依赖数据的融合、计算和共享来支撑城市运行的生命体征感知、公共资源配置、宏观决策指挥、事件预测预警及“城市病”治理等。近年来，国家通过密集发布数据要素相关政策，极大地推动了数据的产业化发展，提供了丰富的数据来源，为城市大脑功能的进一步完善打下了坚实的基础。

城市大脑数据核心能力主要体现在数据处理活动和数据管理活动两个方面。在数据处理活动方面，利用强大的数据采集、处理、分析和应用能力，通过先进的算法和模型，实现对海量数据的高效挖掘和价值转化；在数据管理活动方面，注重数据的规范存储、安全保护和有效利用，通过科学的数据治理和流程管理，确保数据的完整性、准确性和可靠性。

5.3.1.1 数据处理活动

数据处理活动是指将数据从原始状态转化为有价值信息的关键过程，其对城市管理者的决策制定、科学研究至关重要。

1. 数据收集

数据收集旨在获取全面、准确、及时的数据，为城市大脑决策提供有力支撑。在数据收集过程中，需要明确收集目的和范围，采用合法、透明的方式和程序，加强数据安全和隐私保护，建立数据共享和开放机制，确保数据收集工作的合法性、透明度、安全性和有效性。

2. 数据存储

城市大脑的数据存储涉及物联网数据、互联网数据、行业信息系统数据等不同的数据源，需要具备高效、高可靠性、高安全性、大容量的特点。在城市大脑落地之前，需要对存储资源进行有效评估和规划，避免后续存储资源不够、存储效率不高的问题。

3. 数据处理

城市大脑的数据处理是一个复杂而精细的过程，涉及多个关键环节和技术。城市大脑需要对来自不同部门的数据进行综合比对清洗，验证各种数据的有效性，保证基础数据的正确性和合法性。具体包括数据抽取汇集、建立代码数据库、数据清洗、数据比对、比对结果处理、数据转换、数据集成、数据关联入库（数据装载）、数据校验等。

4. 数据交换

数据交换通过统一的规则和标准，实现不同系统、不同组织之间的数据互联互通，提高数据共享的时效性和准确性。这使数据能够在需要时迅速、准确地流动，为各种应用和业务决策提供及时、有效的支持。

5. 数据分析挖掘

数据分析挖掘通过对海量数据的深入挖掘和分析，及时发现城市运行风险。

数据分析的目标是把信息从一大批看似杂乱无章的数据中集中和提炼出来，借此总结出研究对象的内在规律。管理者可以借助数据分析成果进行判断和决策，从而采取适当的策略和行动。

数据挖掘是从数据库的海量数据中揭示出其中隐藏的、未知的、具有潜在价值的信息的过程。数据挖掘是一个决策支持过程，一般基于人工智能、机器学习、模式识别、统计学、数据库、可视化等技术，高度自动化地对数据进行分析、归纳和推理，从中挖掘出潜在的价值信息。

5.3.1.2 数据管理活动

数据管理活动旨在提供一系列管理工具，结合具体的管理制度，对城市大脑数据进行分级分类、数据模型、数据标准、元数据、主数据、数据目录、数据质量、数据安全等方面的有效管理。

1. 分级分类管理

数据分级分类管理是指根据《中华人民共和国数据安全法》《中华人民共和国网络安全法》《中华人民共和国个人信息保护法》及有关规定，根据数据的属性、特征、价值、重要性和敏感性等因素，将数据按照一定的原则和方法进行区分与归类。

2. 数据模型管理

数据模型管理是指在设计信息系统时，参考业务模型，使用标准化用语、单词等数据要素来设计数据模型，并在信息系统建设和运行维护过程中，严格按照数据模型管理制度审核和管理新建的数据模型。数据模型的标准化管理和统一管控有利于数据整合，提高信息系统的数据质量。

3. 数据标准管理

数据标准管理通过制定和发布由数据相关方确认的数据标准，覆盖标准代码、数据项、数据集，结合制度约束、过程管控、技术工具等手段，推动数据的标准化，确保数据的一致性、准确性和可靠性，进一步提升数据质量。

数据标准管理涉及制定数据标准，确定数据命名、格式和编码规范，以及明确数据分类标准并进行分类，以便组织和管理数据资源。这对于保障数据质量和数据安全、提升数据应用价值具有至关重要的作用。

4. 元数据管理

元数据，又称中介数据、中继数据，是指描述数据的数据。元数据管理是对数据的描述性信息进行管理和维护的过程，这些描述性信息包括数据的结构、内容、关系、格式、语义和使用规则等。元数据管理的主要目标是确保数据的准确性、一致性和可靠性，使城市大脑中的数据更容易被理解、访问和使用，包括数据关系映射、元数据建模和管理、分类元数据管理、元数据版本管理。

5. 主数据管理

主数据是指在跨多个系统、应用程序和业务的过程中，跨系统、跨部门共享、使用和维护的关键业务实体的核心数据。对城市大脑而言，主数据主要涵盖人口、法人、自然资源与空间地理信息、宏观经济、电子证照、社会信用、物联感知等基础数据，以及基础设施、民生服务、生态宜居、产业经济、城市治理、公共安全、城市交通、智慧政务、文化旅游、数据治理与服务等专题数据，有着广泛的应用场景和共享需求。主数据管理是指对主数据的标准和内容进行管理，确保数据的一致性、准确性和可靠性，实现主数据的一致、共享使用。

6. 数据目录管理

数据目录用于对信息资源进行排序、编码、描述，以便检索、定位与获取数据资源。

基于数据目录，城市大脑可以建立横向联动、纵向贯通的共享交换体系，提供数据、文件和应用程序接口等的共享交换服务，构建跨部门、跨区域、跨层级、跨系统、跨业务的信息共享和数据交换渠道。

通过全面的数据编目、及时的目录更新维护、有效的目录健康度检测及“一目录三清单”制度的实施，构建一个高效、稳定、安全的数据目录管理体系，打破政府部门之间的数据孤岛，以数据目录为驱动，梳理各政府部门的数据资产，提供各种数据、接口供需对接、安全传输的数据安全共享通道，实现数据的多跨协同，支撑业务协同、数据协同、服务协同。

7. 数据质量管理

数据质量管理是指对数据从产生到应用全生命周期的每个阶段可能引发的各类数据质量问题，进行识别、度量、监控、预警的一系列管理活动。

数据质量管理包括数据资产质量定义、质量监控、跟踪优化流程制定和数据权限管理等监控管理功能。这意味着系统需要对数据资产进行全面的质量管理，包括定义数据质量标准、建立质量监控机制、制定跟踪优化流程等。通过质量监控管理，系统能够实时监测数据的质量状况，及时发现和解决数据质量问题。此外，通过数据权限管理，确保不同用户只能访问和操作其权限范围内的数据，保障数据的安全性和隐私性。

8. 数据安全保护

数据安全保护是指依据国家信息系统安全等级保护标准和法规，防止数据被非法获取、篡改、泄露、损毁或不当利用，涵盖从数据生成、存储、传输到应用的全方位保障措施。在城市大脑建设中，应当坚持统筹协调、分类分级、权责统一、预防为主、防治结合的原则，加强公共数据全生命周期内的安全和合法利用与管理。

5.3.2 发展现状

当前，城市大脑数据技术涵盖数据采集、清洗、整合、分析及可视化等多个环节，已经形成了城市大脑所需的数据技术闭环。在应用实践方面，已经积累了大量的场景应用，如智慧城管、社区网格化管理、智慧养老、生态管理等，为城市数字化发展提供了重要支撑。

与此同时，城市大脑的数据综合利用和管理存在一些突出的问题，具体表现在以下几个方面。

（1）各地为满足各自业务需求，建立了形式多样的大数据资源管理平台、数据中台等数据管理智能化平台，汇聚了海量的数据，但由于跨部门、跨区域、跨层级合作机制不健全，技术手段不足等，缺少对整体全量城市数据资产的掌握和协同，未对已有数据和新生数据的存储与使用进行统一的规划及设计，导致大量数据未被有效连接与开发利用，处于沉睡状态，无法体现数据价值。

（2）在实际应用中，协调各部门进行数据归集存在各种障碍，如垂直应用向上协调难度大、政策要求共享难、缺少顶层推动等。这些问题导致无法对数据进行充分归集和碰撞，也无法对数据进行深入分析和挖掘以产生更多有效的数据价值。

（3）在数据安全方面，城市大脑作为智慧城市的信息中枢，集成了城市中不同领

域的大量数据，包括但不限于交通、环境、能源、社会等领域。随着数据量的爆炸式增长和数据应用的深入，数据安全问题日益凸显，需要采取全面的数据安全管理措施并定期进行安全审计和风险评估，加强安全意识教育和培训，从而有效保障城市大脑的数据安全和隐私保护。

（4）目前存量的数据标准大多聚焦在数据技术、政务服务等重点领域，缺少基础数据编码、行业深化应用等基础标准，无法有效满足数字化转型背景下城市大脑标准化的需求。目前急需构建一套完整度高、可用性强的城市大脑数据资源标准化体系，以支撑各项法规政策的落实，指导行业发展，引导技术进步，满足全新需求，以数据标准推动建立全新的规则秩序。

5.3.3 发展方向

城市大脑重要的发展方向之一是通过数据资源化、数据资产化和数据资本化，进一步发挥数据价值，为城市大脑数智应用提供强大的数据支撑。

1. 数据资源化

数据资源化是数据价值化的起点，它是将无序、混乱的原始数据通过必要的加工整理、归集和存储，转化为有序、有使用价值的数据资源的过程。

为实现数据资源化，应运用先进的数据处理和分析技术，加强对数据的采集和存储，通过合理的数据整合与共享，确保数据的准确性和完整性，充分挖掘数据的潜在价值，推动数据的内外部流通，进而为数据资产化奠定基础。

可以通过以下方式实现数据资源化。

（1）构建数据仓库或数据湖。将不同来源的数据集成到一个统一的平台上，便于数据的查询和分析。

（2）运用 ETL 工具。通过提取—转换—加载（Extract-Transform-Load，ETL）过程，实现数据的自动化处理和集成。

（3）建立数据中台。构建统一的数据服务层，整合内部和外部的数据资源，提供灵活的数据使用方式。

（4）API 集成。通过应用程序接口实现不同系统之间的数据交换和集成，提高数据的实时性和共享性。

2. 数据资产化

数据资产化的核心在于将数据视为组织的重要资产进行管理、利用和开发，以实现数据价值的最大化。这意味着将数据转化为产权明晰、可流通、可溯源、可监管的资产，从而释放数字红利，推动数字经济发展。数据资产化要解决数据权益权属、数据内容安全、数据来源可信、数据权限可控和数据去向可查等问题。这要求采用大数据、云计算、区块链等技术，对数据创造的财富和资产的产权归属进行界定，确保数据资产的有效流通和安全使用。

数据资产化的意义主要体现在以下几个方面。

（1）提升人们对数据的价值认知和保护意识。将数据从无形的资源转化为有形的资产，使数据的价值更加直观和可度量，从而增强人们对数据的价值认知和保护意识，促进数据的合法合规使用和安全保障。

（2）促进数据的流通和交易。将数据从封闭的孤岛转化为开放的生态，使数据的流通和交易更加便捷与规范，从而激发数据的价值潜力和活力。

（3）推动数据的创新和应用。通过数据资产化，城市可以更加有效地利用数据资源，推动数据驱动的创新和应用，提升城市的竞争力和创新能力。

3. 数据资本化

数据资本化是将数据资产的价值和使用价值折算成股份或出资比例，通过数据交易和数据流通活动将数据资产变为资本的过程。它是数据价值化的最终阶段，也是数据价值全面升级和市场化配置的关键所在。这意味着将数据资源或数据资产纳入资本市场，通过买卖、抵押、投资等方式进行价值交换和增值。数据成为一种可交易的资产，其价值可以通过市场供求关系得到体现。

数据资本化具有多方面的意义。首先，数据资本化可以从资产和资本的角度反映数据资源的真实价值，有利于改善资产负债结构。其次，数据资本化可以促进城市大脑各相关方利用数据创造价值、实施精细化管理，同时鼓励积累高质量数据，激活数据要素市场内生动力。

数据资本化是一个复杂而重要的过程，需要各方共同努力和推动，以充分释放数据的价值，推动数字经济的发展和创新。

伴随着数据资源化、资产化、资本化的发展，数据技术将发挥更加关键的支撑作用，并呈现出以下发展趋势。

（1）数据技术将变成真正的数字底座。大模型技术发展得如火如荼，正在深度融入各行各业，推动产业创新升级，助力企业实现数字化转型。数据技术为 AI 提供了丰富的训练数据和优化空间，使 AI 模型能够不断提升性能。因此，数据技术将进一步下沉，变成一项更具基础性的工作，变成真正的数字底座。

（2）基于大模型数据分析自动化。大模型以其卓越的语义理解和语言组织能力，为数据分析带来了革命性的改变。通过语义理解能力精准捕捉用户需求，通过问答形式实现智能化交互，生成详尽且高质量的数据报告，辅以可视化图表，深化数据解读。同时，结合语音输入技术，用户可以随时通过语音指令提取数据，并以图表等形式展示数据，直观地掌握数据动态。

（3）数据隐私和安全将是数据技术未来发展的重要关注点。在大模型的应用中，如何确保私域数据集的安全，如何保护数据隐私、防止数据泄露和滥用，将成为数据技术发展中的一个重要课题，也是各行各业必须解决的问题。

5.4 人工智能

5.4.1 技术能力概述

城市大脑的核心技术能力之一是人工智能，其在支撑城市大脑方面发挥着至关重要的作用。城市大脑作为一个综合利用数据资源，实现城市智能化管理和服务的系统，通过人工智能技术对大量数据进行分析、处理和决策支持。借助人工智能技术，城市大脑能够基于海量城市数据进行知识推理并构建知识网络，以推演事物背后的深层逻辑，形成智能洞察和认知，从而智能化地感知城市的生命体征，实现对城市全域的精准分析、整体研判、协同指挥、科学治理。人工智能在城市大脑中主要体现在智能感知、智能认知、训练引擎和算法模型仓库等方面。

1. 智能感知

智能感知是指通过各类传感器、摄像头、麦克风等物联网设备，采集城市运行的各类数据，如交通流量、环境监测信息、公共安全信息等，并通过预处理和分析为城市大脑提供实时、准确的环境数据与事件数据。依托视频图像识别、语音识别、声纹识别、文本识别等人工智能技术，将真实世界中的视频图像、语音、物理量等信息映射到数字世界，形成统一的感知数据，并进一步从中获取有效的结构化信息。智能感知具备多源数据融合、实时数据处理和边缘计算能力。

（1）多源数据融合。智能感知可以整合来自不同传感器和设备的数据，提高数据的全面性和准确性。

（2）实时数据处理。智能感知可以快速处理所收集的数据，以实现对城市状态的实时监控。

（3）边缘计算。智能感知在数据源附近进行数据处理，以减少数据传输时延，提高响应速度。

2. 智能认知

智能认知是指利用人工智能算法（如机器学习和深度学习），对感知到的数据进行分析和理解，实现对城市环境、事件和运行状态的认知与理解。例如，对城市生命线进行数字化构建，并根据历史数据和实时数据对城市生命线的运行态势、发展趋势进行推理与预测，形成智能认知，全面掌握城市基础设施、公共服务、社会治理、城市安全等方面的态势和趋势，识别城市发展过程中的问题和挑战。智能认知是城市大脑的核心能力，为城市治理和决策提供科学依据。智能认知具备模式识别、深度学习、语义理解能力。

（1）模式识别。智能认知可以识别数据中的模式和趋势，如交通流量的周期性变化。

（2）深度学习。智能认知可以使用深度神经网络对复杂的数据进行特征提取和分类。

（3）语义理解。智能认知可以理解数据的深层含义，如通过视频分析理解人群行为。

3. 训练引擎

训练引擎是指用于训练人工智能模型的系统或平台，其依托高质量训练数据集，提供数据处理、算法开发、模型训练、模型管理、模型部署等全流程技术能力。训练引擎提供清晰的向导式训练过程管理，支持训练作业管理、作业参数管理和算法管理等，具备高性能分布式、自动超参选择、自动模型架构设计的特点。训练引擎能够根据训练数据集的精度自动调整模型参数，提高模型的预测准确性和泛化能力。训练引擎具备训练数据管理、自动化模型调优、分布式计算和模型验证能力。

（1）训练数据管理。训练引擎通过数据接入、数据标注、数据集管理，确保训练数据的质量与适用性。

（2）自动化模型调优。训练引擎可以自动调整模型参数，以提高模型的准确性和效率。

（3）分布式计算。训练引擎利用分布式资源进行模型训练，加快模型的训练和收敛速度。

（4）模型验证。训练引擎通过验证集和测试集评估模型的性能，确保模型的泛化能力。

4. 算法模型仓库

算法模型仓库是存储已经训练好的人工智能模型和算法的库，它允许快速部署与复用这些模型和算法。相关模型包括用于分类、聚类、预测等各种任务的模型，以及用于特征提取、降维、集成等预处理步骤的模型。算法模型仓库为城市大脑提供了丰富的算法资源，支持其完成各种复杂的任务。算法模型仓库具备模型管理、快速部署、模型共享能力。

（1）模型管理。算法模型仓库可以对存储的模型进行版本控制和维护。

（2）快速部署。算法模型仓库可以将训练好的模型快速部署到生产环境中。

（3）模型共享。算法模型仓库允许不同的应用和服务共享同一个模型，从而提高资源利用率。

人工智能技术应用于城市大脑，可以提供数据治理与开发、模型开发与训练等城市级 AI 平台能力。它服务于行业应用的构建，是海量数据的汇聚点，是城市智能体大脑和决策系统的基础。城市大脑以人工智能技术为基础，对各式各样的数据（如数字、文字、图像、符号等）进行筛选、梳理、分析，并加入基于常识、行业知识及上下文所做的判断，支撑大模型的智能分析、决策和辅助行动，助力大模型实现各行业的全场景智能化。这些能力不仅提高了城市管理的智能化水平，也为城市的可持续发展提供了强有力的技术支持。

5.4.2 发展现状

人工智能正在从感知理解走向认知智能，带动数字世界和物理世界无缝融合。从生活到生产、从个人到行业、从 C 端到 B 端，人工智能日益广泛和深刻地影响人类社会，驱动产业转型升级。城市大脑中的海量数据在感知层生成，经过网络层的运输，汇聚到城市大脑，通过数据治理与开发、模型开发与训练，积累行业经验，最终服务于城市数字化智能应用的构建。城市大脑作为智慧城市建设的核心，依托人工智能技术，通过整合和分析城市运行的海量数据，提升城市治理的智能化水平，优化资源配置，改善民生服务，促进经济发展，实现可持续的城市发展。随着人工智能和大模型等技术的不断发展，城市大脑可以更加有效地对城市全域运行数据进行实时汇聚、监测、治理和分析。城市大脑大模型的应用一般分为两个阶段：预训练阶段和微调阶段。大模型预先在海量通用数据上进行训练，使数据、知识得到高效的积累和继承，从而大幅提升人工智能的泛化性、通用性、实用性。在实际处理下游任务时，再通过小规模数据进行微调训练，达到传统小模型的效果。根据模型处理任务类型的不同，语音、文本、图像等不同模态的模型可能涉及前述技术的不同组合。智能应用的快速发展已经将城市大脑的人工智能、大模型等技术推向新的发展阶段。

城市大脑的人工智能技术发展依赖大数据、云计算、物联网、区块链、数字孪生等新一代信息技术的融合创新应用。随着各类智能终端的广泛应用，人与人之间、人与设备之间的协同越来越广泛，视频会议、远程协作等交互场景在行业应用中得到了大力推广。云边协同、AI 大模型等技术的应用极大地提升了设备的认知与理解能力，实现了软件、数据和 AI 算法在云、边、端的自由流动，并通过包含终端设备操作系统的感知设备，基于对感知数据的处理结果，在物理世界进行响应处理，实现了智能的交互能力。

城市大脑的人工智能技术在多个应用场景中发挥作用，包括交通管理、医疗服务、应急响应、民生养老、智慧教育、公共服务等。通过智能算法和自我学习，城市大脑能够实现精细化的城市管理、全天候的政务服务、便捷化的出行信息服务等。城市大脑的建设促进了数据的开放共享发展，实现了城市运行的“一网统管”。

尽管城市大脑的人工智能技术在不断发展，但在实际应用中遇到了一些问题和挑战。

（1）算力基础设施难以匹配大模型的创新需求。大模型技术由于其庞大的参数量和训练数据，对算力提出了更高的要求，传统算力基础设施面临算力资源不足的挑战。大模型需要大算力，其训练时长与模型的参数量、训练数据量成正比。大模型对算力资源的规模提出了极高的要求，算力不足意味着无法处理庞大的模型和数据量，也无法有效支撑高质量的大模型技术创新。

（2）人工智能大模型难以适应智能化需求。大模型特别是基础大模型的构建需要持续投入顶尖人才和巨额资金。每个行业都有使用大模型的场景，但基础大模型难以满足千行百业的不同业务需求，且行业用户和行业伙伴大多不具备从头开发大模型的能力。为了获得适配本行业的大模型，需要提供行业数据给基础大模型进行微调训练，但行业用户的部分关键敏感数据难以实现共享或“出厂”，在一定程度上阻碍了人工智能大模型的应用。

（3）数据供给难以满足人工智能大模型的训练需求。数据是构建大模型竞争力的核心要素，城市大脑的大模型训练特别依赖丰富和高质量的专有数据集。行业用户虽然重视数据集资产的构建和管理，但采集、存储和管理海量数据，形成优质数据集的能力不足。产业缺少统筹共性数据集的建设服务，数据流通与共享机制不成熟，开放数据集“质”与“量”难保证，源头数据的治理不充分，导致数据质量不高、共享不足。

（4）人工智能技术安全可信需求亟待满足。人工智能技术涉及的领域非常广泛，其潜在的风险和危害也不容忽视，如个人隐私保护、脱敏数据使用、数据泄露等，这些都需要依据合适的法律进行规范和监管。人工智能技术的发展涉及社会伦理、安全等问题，需要明确相关责任与义务等。生成式人工智能技术的飞跃发展与快速应用激化了智能技术的安全与可信问题，网络安全、数据传输安全、个人隐私保护、模型可解释性、知识产权使用等智能化相关风险尚缺乏整体性的综合解决方案。

5.4.3 发展方向

城市大脑的人工智能技术应用主要集中在智能感知、智能认知、智能决策等方面，通过大数据、云计算、物联网、人工智能、区块链、数字孪生等技术，提升城市现代化治理能力和城市竞争力。城市大脑通过对城市全域运行数据进行实时汇聚、监测、治理和分析，全面感知城市生命体征，辅助宏观决策指挥，预测预警重大事件，配置优化公共资源，保障城市安全有序运行。智能感知方面，需要提高感知数据的质量，扩大数据的覆盖范围，实现全域、全时段的智能感知。此外，需要加强多源数据的融合，提高数据的综合利用效率。智能认知方面，未来的发展方向是实现更高层次的认知，如城市规划、社会治理等。这需要突破现有的技术瓶颈，如从知识表示向知识推理与决策发展。训练引擎方面，未来的发展方向是提高模型训练的效率，降低计算资源消耗。这需要研究新的模型架构、训练方法和更新的加速计算系统等。算法模型仓库方面，未来的发展方向是实现模型的自动选择和更新，提高模型的适应性和应用效果。这需要研究新的模型管理方法，如模型评估、模型优化等。

城市大脑借助大数据、移动互联网、人工智能、物联网等新兴技术或应用提升市民生活的便捷性，实现城市功能的聚合，通过整合城市管理相关应用系统，实现对城市管理的全面感知、多方联动、实时响应。城市大脑人工智能技术的应用场景趋于多元化，微场景服务需求和黑科技创新演进态势日益明显，主要表现在以下两个方面：一是以用户切身需要为导向，各类微场景应用服务的市场争夺加剧；二是在技术创新东风的驱动下，弹性化、定制化服务能力成为企业的核心竞争力和突破的关键方向。

同时，为了应对人工智能大模型的迅猛发展，解决当前面临的各类技术和应用问题，以大模型为代表的人工智能技术正在成为城市大脑的中坚力量。通过构建大规模的神经网络模型，实现对大量数据的深度学习和智能分析，提供更加精准的预测和决策支持。在城市大脑的应用中，大模型技术可以有效提升城市治理的智能化和精准化预测水平，实现对城市运行状态的全面感知和实时响应。大模型技术在城市大脑中的应用场景很广泛，包括智能交通管理、公共安全监控、环境监测、公共服务、城市规划等方面。例如，在交通管理领域，城市大脑可以利用人工智能大模型，对城市交通流量进行实时监测和智能调控，提高交通效率，减少拥堵；在公共安全领域，城市大脑可以实现对公共安全事件的实时预警和快速响应，提高城市安全水平；在环境治理方面，城市大脑可以实现对环境质量的实时监测和分析，促进环境保护；在城市公共服务方面，城市大脑可以提供更加精准和便捷的公共服务，提高市民满意度等。为了应对多样化的需求，城市大脑人工智能技术不断演进、不断融合。

（1）技术集成融合。以物联网、云计算、大数据、人工智能、区块链等为代表的新一代信息技术正逐步从单一的应用转变为集成融合的形式。一些城市开始探索利用人工智能感知、物联网和云计算等技术的融合应用，如利用无人机等新型移动终端进行城市治理，通过安装摄像头、传感器和无线通信模块，实现高空城市影像采集及楼顶、房屋监测，对违章建筑进行实时的视频采集取证，并回传到执法人员的手机端、电脑端，从而改变了传统的巡查防控方式，极大地扩大了城市治理的想象空间。

（2）应用迭代演进。城市大脑在城市数字化建设中发挥着中枢作用，它不断吸收城市数字化新需求，新需求将促使技术突破不断涌现。人工智能技术能有效促进智能化城市信息共享与利用，国内许多城市也在尝试利用人工智能技术和区块链技术，推动城市大脑的智能化建设。例如，利用区块链技术实现项目资金管理、数字身份认证和数据存储等方面的应用，以提高政务服务效率和数据安全性；利用人工智能技术实现公共交通补贴的自动发放，同时确保对个人隐私的保护。

5.5 人机交互

5.5.1 技术能力概述

人机交互是指以图像处理技术、混合现实技术、计算机互动三维图形技术等为支撑，以沉浸式、交互式方式实现城市大脑与用户之间的交互。城市管理者通过人机交互迅速获得对物理城市的现状感知、业务洞察、异常监控、分析研判，并可快速向城市大脑下达控制指令，形成城市闭环反馈系统，深度赋能城市全感知、全场景、全连接。

人机交互离不开以物联感知、通信网络等技术为主要构成的全域一体化感知监测体系，实现由数据驱动城市决策，在虚拟世界仿真，在现实世界执行虚实迭代，不断优化城市大脑发展模式，提升城市的整体治理能力和水平。

随着信息技术的迅猛发展，城市大脑作为智慧城市建设的核心，其人机交互技术不断更新迭代，取得了显著的成果。城市大脑作为一个基于人工智能技术的智能系统，具备强大的人机交互能力，其人机交互体验主要体现在模态交互、终端交互、场景交互 3 个方面。

1. 模态交互

1）模态交互的定义与特点

模态交互是指用户通过不同的输入方式（如语音、视觉、触觉等）与城市大脑交流。这种交互方式的多样性和自然性对提升用户体验至关重要。模态交互具有自然性、多通道性、非语言性、情景感知性等特点。

（1）自然性。模态交互方式更加符合人类的自然交流方式，使人们可以更加自然地与机器交互。

（2）多通道性。模态交互可以同时使用多个感官通道进行信息传递，从而提高交互的效率和准确性。

（3）非语言性。模态交互不需要使用语言进行交流，可以通过姿势、表情、声音等进行信息传递。

（4）情境感知性。模态交互可以根据用户的情境和行为进行自动调整，从而提高交互的适应性和个性化。

2）模态交互的价值

模态交互的价值主要体现在以下几个方面。

（1）提高交互效率。模态交互通过多通道进行信息传递，模拟人类在自然环境中的沟通方式；通过整合多种感官信息，增强用户对信息的理解和记忆，减少单一通道可能产生的误解或错误，从而提高交互效率。

（2）改善交互体验。模态交互更加符合人类的自然交流方式，可以改善交互的体验。

（3）提高交互的易用性。模态交互可以通过多种方式进行信息传递，从而降低交互的门槛和难度。

（4）提高交互的个性化。模态交互可以根据用户的情境和行为进行自动调整，从而提高交互的适应性和个性化。

2. 终端交互

1）终端交互的定义与特点

终端交互是指用户通过各种终端设备（如智能手机、平板电脑、自助服务机等）与城市大脑交互。终端的多样性和便捷性对提升用户接入度、扩大系统覆盖面至关重要。终端交互具有便捷性、个性化、多任务性等特点。

（1）便捷性。终端交互可以随时随地进行，使人们更加方便地与机器交互。

（2）个性化。终端交互可以根据用户的个人喜好和需求进行定制，从而提高交互的个性化，改善用户体验。

（3）多任务性。终端交互可以同时支持多个任务和应用程序，使人们更加高效地完成各种任务。

2）终端交互的价值

终端交互的价值主要体现在以下两个方面。

（1）提高工作效率。终端交互可以帮助用户快速完成各种任务，从而提高工作效率和生产力。

（2）改善用户体验。终端交互可以提供更加自然、直观、个性化的交互体验，从而提升用户对机器的满意度和信任度，改善用户体验。

3. 场景交互

场景交互是指城市大脑根据不同的应用场景（如交通、医疗、教育等）提供定制化交互方式。场景化的交互设计可以提高服务的针对性和有效性。场景交互具备智能化、情景感知性、多设备协同性、自然语言处理能力、二三维一体化等特点。

（1）智能化。场景交互可以根据用户的行为和环境进行自动调整，从而提高交互的智能化和自动化水平。

（2）情境感知性。场景交互可以根据用户的位置、时间、周围环境等因素进行情境感知，从而提供更加个性化和精准的服务。

（3）多设备协同性。场景交互可以实现多个设备之间的协同工作，从而提高交互的效率和便捷性。

（4）自然语言处理能力。场景交互可以支持自然语言输入和理解，城市大脑的自然语言处理能力是基于先进的自然语言处理技术和深度学习模型实现的。通过对文本和语音进行分析和建模，城市大脑能够理解用户输入的意思，并从中提取出关键信息。

城市大脑通过建立语言模型和知识图谱，具备了对各类语言信息的识别和理解能力。基于自然语言处理能力，城市大脑可以实现与用户的实时对话，从而提高交互的易用性，改善用户体验。

（5）二三维一体化。二三维一体化场景交互界面是城市管理者与城市大脑交互最直观的人机界面，用户对信息和服务的需求转向场景化，用户通过身体动作与城市大脑交互，计算机通过捕捉用户的动作进行意图推理，触发神经中枢对应的交互功能。其本质是基于城市信息空间模型，利用物联感知与融合、GIS 等技术体系，实现城市二三维空间的全息感知与实景可视化。

5.5.2 发展现状

目前，城市大脑中的人机交互技术已经实现了从单一交互方式向多元化、智能化交互方式的转变。传统的人机交互方式，如键盘、鼠标等，已经逐渐被触控、语音、手势等新型交互方式所取代。这些新型交互方式不仅提高了交互的便捷性，也使用户体验得到了极大的改善。

在城市大脑的应用场景中，人机交互技术发挥着越来越重要的作用。例如，在交通管理领域，通过智能语音交互系统，交警可以实时获取交通路况信息，快速做出决策；在公共安全领域，通过手势识别技术，监控系统可以自动识别异常行为，及时发出预警。这些应用不仅提高了城市管理效率，也提升了城市的安全性。

同时，随着人工智能技术的不断发展，城市大脑中的人机交互技术逐步实现智能化。通过深度学习、自然语言处理等先进技术，人机交互系统可以更加准确地理解用户的意图和需求，提供更加个性化的服务。例如，在智能客服领域，通过人机交互技术，系统可以自动回答用户的问题，提供 24 小时不间断的服务。

然而，城市大脑中的人机交互技术仍面临一些挑战，如如何进一步提高交互的准确性和效率，如何保障用户隐私和数据安全，以及如何降低技术的使用门槛等，需要我们不断探索和研究。

总体来说，城市大脑中的人机交互技术已经取得了显著的进步，但仍需要不断创新和完善。未来，随着技术的进一步发展，人机交互将在城市管理中发挥更加重要的作用，推动智慧城市建设的不断深化。

5.5.3 发展方向

随着多模态交互、智能化服务、自然语言处理和交互式数据可视化等技术的发展，城市大脑作为智慧城市的核心，将提供更加智能、自然、直观和个性化的交互体验。这不仅能够提高城市管理的效率和水平，改善居民的生活质量，还能够激发创新活力，推动城市的可持续发展。未来，城市大脑的人机交互能力将不断进化和完善，为智慧城市的发展注入新的动能。

1. 多模态交互的融合与创新

随着技术的进步，城市大脑的人机交互将不再局限于单一的交互方式，而是向着多模态交互的方向发展。多模态交互融合了视觉、听觉、触觉等多种感官方式，使人机交互更加自然和直观。例如，通过语音识别技术，城市大脑可以理解和响应用户的口头指令；通过图像识别技术，城市大脑可以识别用户手势或面部表情进行交互；通过触觉反馈技术，城市大脑可以提供更加丰富的交互体验。

多模态交互的优势在于它能够适应不同用户的习惯和偏好，提供个性化的交互方式。例如，对于视力障碍人士，语音交互可能更加方便；而对于听力障碍人士，手势或视觉交互可能更加适用。此外，多模态交互还可以提高交互的准确性和可靠性，降低误操作的可能性。

2. 智能化服务的深化与拓展

城市大脑的智能化服务将不断深化和拓展，利用大数据、人工智能等技术，提供更加精准和个性化的服务。通过对用户行为的分析和学习，城市大脑可以预测用户的需求，主动提供相关的服务和建议。

例如，在交通管理领域，城市大脑可以根据实时的交通状况和用户的出行习惯，为用户推荐最优出行路线；在能源管理领域，城市大脑可以根据用户的用电规律和天气预报信息，自动调节室内温度，实现节能降耗；在医疗服务领域，城市大脑可以根据用户的健康状况和医疗需求，提供个性化的健康管理方案。

智能化服务不仅能够提高服务的效率和质量，还能够释放人力，让工作人员从烦琐的事务中解放出来，专注于更加复杂和更具创造性的工作。

3. 自然语言处理的突破与应用

自然语言处理技术是实现高效人机交互的关键。随着自然语言处理技术的不断突破，城市大脑将能够更加准确地理解和处理自然语言，使人机交互更加流畅和自然。

城市大脑可以通过自然语言处理技术，理解用户的口语指令，提供语音交互服务；通过文本分析技术，理解用户的情感倾向和需求，提供更加贴心的服务；通过机器翻译技术，打破语言障碍，为不同语言背景的用户提供服务。

此外，自然语言处理技术还可以应用于城市大脑的知识管理和决策支持。通过对大量文本数据的分析和挖掘，城市大脑可以获取有价值的信息和知识，为城市管理提供决策支持。

4. 交互式数据可视化的探索与实践

数据是城市大脑的基础，如何将复杂的数据以直观、易于理解的方式呈现给用户，是改善人机交互体验的关键。交互式数据可视化技术为解决这一问题提供了可能。

城市大脑可以利用交互式数据可视化技术，将抽象的数据转化为直观的图表、图像或三维模型，使用户能够直观地理解数据的含义和背后的规律。用户可以通过交互操作，如缩放、旋转、筛选等，探索数据的不同维度和细节，发现数据之间的关联和差异。

交互式数据可视化技术不仅能够提高用户对数据的理解能力，还能够激发用户的探索兴趣，提高用户的参与度和满意度。在城市管理领域，交互式数据可视化技术可以应用于城市规划、交通管理、公共安全等多个领域，帮助管理者发现问题、分析原因、制定策略。

5.6 安全

5.6.1 技术能力概述

在网络安全方面，城市大脑实时监测预警和发现问题，对问题进行应急处置和事后业务恢复，并定期对系统进行风险评估和改进，持续降低系统安全风险，以保证业务的连续性。同时，城市大脑汇聚了大量重要数据，且需要处理关键业务，对数据脱敏、数据防泄露、数据追踪溯源等数据安全提出了更高的要求，如何确保数据安全和个人隐私保护变得越来越重要。

隐私计算技术和数据保护技术是保证数据安全的重要支撑。

1. 隐私计算技术

隐私计算是指在保护数据隐私的前提下，实现数据的分析和计算。隐私计算的核心目标是在不泄露个人信息或敏感信息的情况下，允许对数据进行处理和分析，从而释放数据的价值。它包含多种隐私保护/增强技术，涉及密码学、安全硬件、信息论、分布式计算等多个学科，其中安全多方计算和联邦学习等技术目前应用较多。安全多方计算是指在参与方不泄露各自数据和中间计算结果的情况下，基于多方数据协同完成计算目标，保证除计算结果及其可推导出的信息外，不泄漏各方的隐私数据。联邦学习是指多个参与方在不泄露其原始数据和隐私数据的前提下，相互协作，构建和使用机器学习模型的系统或框架。

2. 数据保护技术

数据保护技术是一系列用于确保数据安全、防止数据泄露、保护个人隐私和业务机密的技术与方法。随着信息技术的快速发展，数据保护已成为各行业关注的焦点，其中数字水印和数据脱敏等技术得到了广泛的应用。数字水印技术作为数据安全领域的一项重要技术，近年来受到了广泛应用。数字水印技术是指将一些标识（数字水印）嵌入数字载体（如多媒体、文档、软件等）中，在保护数据的同时不影响数据的流通与使用。数字水印技术对数据要素的确权、流通、保护等意义重大。因为数据种类繁多，如文本、图像、视频、文件、网页等，所以对应的数字水印技术实现方法是不同的。数据脱敏技术是一种安全技术，它将敏感数据转换成非敏感数据，以保护个人隐私和业务机密。在不损害数据使用价值的前提下，数据脱敏技术可以防止数据在开发、测试、培训等非生产环境中被泄露。

5.6.2 发展现状

随着“数字中国”战略的稳步实施，数据安全立法步伐不断加快，目前已形成以《中华人民共和国网络安全法》《中华人民共和国数据安全法》《中华人民共和国个人信息保护法》《中华人民共和国密码法》等法律为核心，行政法规、部门规章为依托，地方性法规、规章为抓手，国家及行业标准为实践指南的数据安全保障体系。目前，通过数据加密、数据脱敏、数据防泄露、数据追踪溯源及数据库安全防范等技术手段保护个人隐私，保障数据完整性、保密性和可用性的需求不断凸显。

城市大脑作为智慧城市的数据分析决策中心，数据安全能力是保证数据采集、传输、处理、存储等环节顺利进行的重要支撑，其中隐私计算技术和数据保护技术在数据共享、交换、运营等环节发挥数据安全的基础性作用。

1. 隐私计算技术

隐私计算技术主要包括安全多方计算技术和联邦学习技术，具体如下。

1）安全多方计算技术

安全多方计算技术是指在多个不信任的参与方之间进行计算，允许这些参与方共同计算某个函数的结果，同时保证除计算结果外，不会泄露任何参与方的输入数据。在没有可信第三方的情况下，安全多方计算技术可以保护数据隐私和安全性。安全多方计算技术具有以下几个特点。

（1）正确性。各个节点根据固定的相关逻辑进行数据计算，最后将计算结果发送至指定节点，从而完成多方协同计算任务，输出正确的结果。在保证数据隐私的情况下，各方获得正确的结果。

（2）隐私性。安全多方计算主要针对在没有中心化的第三方的情况下，安全计算一个约定函数的问题，保障协同计算过程中各参与方的隐私数据安全。只有指定的参与方才能得到结果，且一个参与方只能得到算法方案指定的结果。

（3）去中心化。在传统的分布式计算中，由中心节点收集各方的输入数据并进行计算，然后将结果返回使用方。而安全多方计算协议没有中心节点，即不存在一个特殊方能获得各方的输入数据。安全多方计算分离了数据的使用权与所有权，实现了数据的可用而不可得，并在数据拥有方、数据使用方及数据监管方三方相互制约的情况下实现运营。

2）联邦学习技术

联邦学习技术是一种分布式机器学习技术和框架。联邦学习框架包括两个或两个以上参与方，参与方通过安全的算法协议进行联合机器学习，可以在各方原始数据不出私域的情况下联合多方数据资源进行建模训练。在联邦学习框架下，各个参与方只以密文形式交换算法中间计算结果或转化结果，而不需要交换原始数据。联邦学习主要包括横向联邦学习、纵向联邦学习和联邦迁移学习三种类型。

（1）横向联邦学习适用于参与方特征相同，但是样本重叠较少的情形。横向联邦学习主要通过增加样本数量提升模型的准确性和泛化能力。

（2）纵向联邦学习适用于参与方样本相同，但是特征重叠较少的情形。纵向联邦学习主要通过丰富的样本优化学习模型。

（3）联邦迁移学习适用于参与方特征和样本重叠都较少的情形，是对横向联邦学习和纵向联邦学习的补充。

2. 数据保护技术

1）数字水印技术

数字水印技术通过把一些标识信息直接嵌入多媒体、文档、软件等数字载体中，或者修改特定区域的结构，实现数据泄露之后的泄露源定位。

（1）数字水印技术的特点。数字水印技术的特点有以下几个。

① 不可见性。不可见性既指人眼视觉系统的不可见性（水印嵌入后不易被人眼察觉），也指嵌入水印后，载图图像不会受到严重的损坏，能够保留原有图像的质量和价值。

② 鲁棒性。鲁棒性是指水印图像遭受各种攻击后仍能提取出水印。常用于版权保护的数字水印技术，其鲁棒性是不可回避的话题。

③ 安全性。安全性是指保障嵌入的水印不被通过逆向工程进行破坏或删除，嵌入水印时设置相应的密钥，只有持有密钥的人才能提取水印，以此保证数字水印的安全性。

（2）数字水印技术的类型。数字水印技术主要有三大类。

① 码域数字水印。码域数字水印也称数字信号处理数字水印，通过在数字媒体的编码域（如音频、视频、图像等数据流）中嵌入隐蔽信息，实现版权保护和内容完整性。码域数字水印通常需要对数字媒体内容进行一些变换（如离散余弦变换、小波变换等）以达到更好的效果。

② 空域数字水印。空域数字水印也称图像处理数字水印，通过在数字媒体的空域

（如图像像素的 RGB 值）中嵌入隐蔽信息，实现版权保护和内容完整性。空域数字水印通常需要对数字媒体内容进行一些微小的修改（如改变某些像素的 RGB 值）来嵌入隐蔽信息。

③ 频域数字水印。频域数字水印也称频谱数字水印，其基本思想是在数字媒体信号的频域中嵌入隐蔽信息。在频域数字水印中，嵌入隐蔽信息的过程通常涉及将数字媒体信号进行一定的变换，如快速傅里叶变换、离散余弦变换、小波变换等。这些变换可以将数字媒体信号从时域转换到频域，从而方便嵌入隐蔽信息。

2）数据脱敏技术

数据脱敏技术是指按照脱敏规则对敏感数据进行处理，从而在不泄露敏感数据的前提下保障业务的正常运行。

（1）数据脱敏技术的原则。数据脱敏技术的原则有以下两个。

① 有效性。数据脱敏技术的最基本原则是去掉数据中的敏感信息，保证数据安全，这是对数据脱敏工作最基本的要求。有效性要求经过数据脱敏处理后，原始信息中包含的敏感信息已被移除，人们无法通过处理后的数据得到敏感信息。

② 真实性。由于脱敏后的数据需要在相关业务系统、测试系统等非原始环境中继续使用，因此需要保证脱敏后的数据仍能真实体现原始数据的特征，且应尽可能多地保留原始数据中的有意义信息，以减弱对使用该数据的系统的影响。

（2）数据脱敏常用的技术。数据脱敏常用的技术有以下几项。

① 泛化技术。泛化是指在保留原始数据局部特征的前提下使用一般值替代原始数据，泛化后的数据具有不可逆性，具体的技术方法包括：数据截断，即直接舍弃业务不需要的信息，仅保留部分关键信息；日期偏移取整，即按照一定的粒度对时间进行向上或向下偏移取整，在保留一定的时间数据分布特征的情况下隐藏原始时间；规整，即将数据按照大小规整到预定义的多个档位。

② 抑制技术。抑制是指通过隐藏数据中部分信息的方式对原始数据的值进行转换。常用方法为“掩码”，即用通用字符替换原始数据中的部分信息，掩码后的数据长度与原始数据一样。

③ 扰乱技术。扰乱是指通过加入噪声的方式对原始数据进行干扰，以实现对原始数据的扭曲、改变，扰乱后的数据仍保留原始数据的分布特征。具体的技术方法包括：加密，即使用加密算法对原始数据进行加密；重排，即将原始数据按照特定的规则进行重新排列；替换，即按照特定规则对原始数据进行替换；重写，即参考原始数据的特征重新生成数据，重新生成的数据与原始数据一般不具有映射关系；均化，即针对数值性的敏感数据，在保证脱敏后数据集总值或平均值与原数据集相同的情况下，改变数值的原始值；散列，即对原始数据取散列值，以散列值代替原始数据。

④ 有损技术。有损是指通过损失部分数据的方式保护整个敏感数据集。具体的技术方法为限制返回数据，即仅返回可用数据集中一定行数的数据。

5.6.3 发展方向

近年来，如何在大力发展数字经济的同时，保护个人隐私，推进建设城市数据可信流通体系，健全数据要素流通领域数据安全实时监测预警、数据安全事件通报和应急处理机制，成为数据安全的发展方向。

在保证数据安全和个人隐私保护的条件下，如何实现数据可用而不可见尚待深入研究。对政府机构而言，出于保密要求，数据不能对外公布，而银行、网络运营商、互联网公司收集的客户数据也不能透露给第三者。如果数据之间无法互通，其价值将无法充分体现，而通过隐私计算可以解决目前涉及隐私数据的计算和分析问题。目前，随着同态加密、可信计算环境、零知识证明、基于区块链的可信证明等新技术的引入，隐私计算能力得到了极大的提升。通过平台化数据安全计算平台提供集成各种隐私计算方法的环境，成为隐私计算技术的发展方向，但如何提升隐私计算的效率和易用性仍然面临巨大挑战。

数据追踪溯源技术目前处于起步发展阶段，大规模应用实践有待进一步研究。国内外企业聚焦数据水印技术进行探索研究，以提升数据安全事件溯源处置能力，降低安全风险。数字水印技术的实现原理是在不影响数据读取和应用的前提下，将数据水印通过信息处理嵌入数据内容中，实现对数据的标记与追踪。目前数字水印技术因对处理资源和存储资源的高占用、高依赖，大多适用于相对稳定的小型数据集，无法大规模应用于云计算、大数据等大量数据汇聚的场景。

数据脱敏成为个人信息保护的重点技术手段，数据有效性和数据脱敏之间的平衡有待研究。为保护个人隐私，各企业大力发展数据脱敏技术和匿名化技术，根据业务场景及需求，差异化应用数据脱敏技术方案。在保密场景下，使用加密技术对数据进行脱敏，有效保护个人数据。在群体信息统计场景下，使用数据失真技术，实现个人信息去标识化，同时输出统计结果。在数据可逆需求场景下，采用位置变换、表映射等方式实现数据脱敏，最大限度地保障数据的可用性。

第6章 城市大脑的实施路径

6.1 城市大脑的建设理念

城市大脑作为贯彻“数字中国”战略，推进城市全域数字化转型的有效抓手之一，其建设理念与我国数字化建设的重要文件精神和战略部署要求一脉相承。城市大脑建设旨在以科技创新赋能为基础，构建一个高度智能化、协同化的城市中枢系统，实现城市各类信息资源的深度融合、精准分析与高效决策，有力支撑打造中国式现代化城市。

6.1.1 坚持以人为本，提升城市管理服务水平

坚持以人为本的思想始终贯穿数字化转型与发展的全过程，是开展“数字中国”建设的出发点和落脚点。推进城市智慧化发展、数字化转型，要求践行“人民城市人民建，人民城市为人民”的发展理念。城市大脑作为智慧城市落地的重要抓手，在建

设中必须以人为本，抓住人民最本质的需求，以数字化赋能城市管理服务，满足人民对美好生活的向往，让人民群众有更多获得感、幸福感、安全感。

城市大脑建设要以人本需求为引领。首先，要以人民群众面临的高频急难问题为导向，丰富城市大脑的应用场景，实现数字技术赋能城市高效能治理，提升高品质生活体验，让群众生活和办事更方便。其次，技术建设已经不再是城市大脑建设的唯一目标。要结合各地区的综合发展水平和信息化基础，将弥合“数字鸿沟”融入城市大脑的设计与建设过程，让城市大脑不仅是技术的融合创新，也有人文精神的价值体现，促进全民共享数字化发展成果，让城市更加宜居，更具包容性和人文关怀。

6.1.2 坚持技术创新，驱动城市发展变革

在数字化、智慧化的时代背景下，城市大脑建设已然成为推动城市治理现代化、提升城市“智商”的关键所在。城市大脑不仅是一个高度集成的数据处理中心，更是城市智慧化运行的“神经中枢”。它承载着学习、思考、进化的使命，以技术创新为驱动，引领城市向更加智能、高效、可持续的未来迈进。

技术创新是城市大脑建设的核心动力。新质生产力的崛起为城市的数字化转型提供了强大动力。借助云计算、大数据、人工智能等先进技术，城市大脑能够实现对海量数据的实时收集、处理与分析，为城市管理者提供科学决策的依据。同时，AI 大模型的发展为城市大脑带来了前所未有的发展机遇，其强大的学习和推理能力使城市大脑不断自我优化，适应城市发展的复杂多变。

城市大脑建设的未来性体现在其可持续进化的特性上。城市大脑不是静止不变的，而是一个不断进化、自我完善的生态系统。在技术创新的推动下，城市大脑将不断拓宽其应用范围，涵盖城市规划、交通管理、环境保护、公共安全等各个领域，为城市的可持续发展提供有力支撑。

6.1.3 坚持夯基赋能，促进城市全域转型升级

城市大脑作为智慧城市的重要组成部分，承担着支撑未来城市可持续发展和社会进步的重要使命。城市大脑依托数字技术不断夯实城市数字化发展根基、赋能千行百业数字化转型，已融入经济社会价值创造过程，成为“数字中国”建设的重要工具与手段，有助于打破城市发展瓶颈、转变城市传统治理方式，为推动经济社会高质量发

展提供强大动力。

数字经济、数字政府、数字社会彼此渗透、相互交融，离不开城市大脑为其构建的城市数字化运行基础设施。城市大脑需要打通政府、经济、社会之间的数据循环、资源整合，赋能城市全域数字化转型场景的建设与发展。围绕优政、惠民、兴业、宜居的发展方向，城市大脑需要强化数字技术在精准治理、公共服务、智慧宜居、安全韧性、产城融合等领域的应用场景创新，推动城市经济、政治、文化、社会、生态文明全域数字化转型，带来生产方式、生活方式、治理方式的新变革，为城市能级提升、高质量发展提供更强大的内驱动力。

6.1.4 坚持可持续发展，助力城市长效运营

坚持可持续发展理念，将城市大脑运用于城市规划、建设、管理和运营全流程，对城市资源进行优化配置和智能化管理，有助于实现城市可持续发展。城市大脑以数字化技术为支撑，让城市各领域的运行态势可感、可知、可控，要注重在城市建设、能源利用、环境保护、安全韧性等各个领域推行更加绿色和可持续的发展模式。

安全发展是城市可持续发展的重要保障，建设城市大脑要聚焦安全本质，打造安全可信的核心基石。城市大脑作为城市运行的“中枢神经系统”，汇集了大量的数据信息和关键资源。一旦安全防线被突破，不仅可能导致数据泄露、系统瘫痪等严重后果，还可能对城市的正常运转和社会稳定造成严重影响。因此，城市大脑建设要遵循法律法规要求，为城市筑牢可信可控的数字安全屏障。

集约高效绿色发展是可持续发展的必由之路。建设城市大脑要以数字技术支撑城市实现经济增长的同时兼顾资源利用效率和环境保护，实现经济、社会和环境的平衡发展。一方面，城市大脑通过对能源消耗、环境污染、生态状况等数据的实时监测与智能分析，指导城市规划、建设与管理决策，推动资源高效利用、环境质量改善，助力城市实现经济社会与环境的协调发展。另一方面，通过数字化集约建设、消除数据孤岛、共用数字基础设施等具体实践，让城市大脑有效实现资源的优化配置和效率的大幅提升，推动城市各领域的协同合作，共同构建高效、智能、可持续发展的城市运营新模式。

6.2 城市大脑的生态体系建设

作为复杂巨系统，城市大脑涉及的相关方众多。在持续推动城市数字化转型与升级过程中，城市大脑逐步衍生出一种新型生态体系，各相关方之间形成相互依存、共同发展的关联网络。城市大脑生态体系架构如图 6-1 所示，图中给出了一种围绕城市大脑运行（运营）管理方等相关方相互关联的示例，在不同相关方的视角下，城市大脑具有不同的价值和意义。

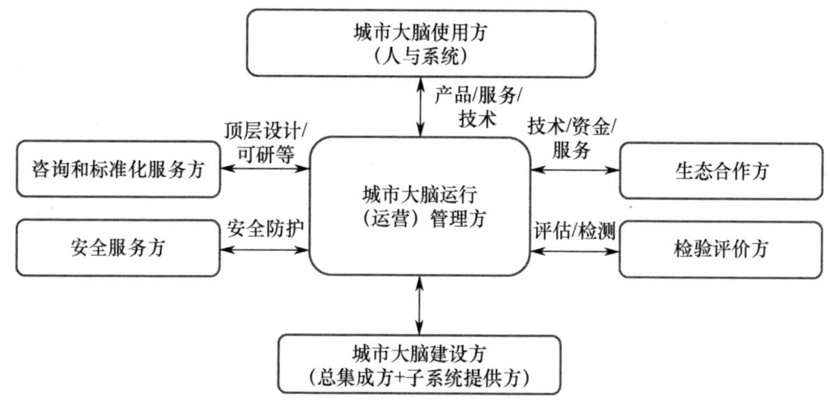

图 6-1 城市大脑生态体系架构

1. 城市大脑使用方

城市大脑使用方既包括直接获得服务的城市管理者和市民，也包括通过开放的数字化接口提供服务的各类城市信息化系统。目前市、区、县各级政府部门作为城市管理者，是城市大脑最主要、最直接的用户，城市大脑帮助城市管理者变被动处置城市事件为主动发现城市事件，更快地响应城市治理需求。由于事件感知和发现更精准，城市管理者可以节省办事人力和成本，市民办事更方便、更有获得感。同时，各类城市信息化系统通过复用城市大脑能力开放提供的各类基础性、关键性服务，降低地理信息、人工智能、大数据处理、物联感知、城市事件等通用组件和数据资源的开发、运行、维护费用，进而聚焦在提供更灵活、更快捷的业务应用领域。

2. 城市大脑建设方

城市大脑建设方为城市大脑的建设提供相应的产品和解决方案。城市大脑建设方包括总集成方和子系统提供方。

（1）总集成方。总集成方负责城市大脑相关各类子平台信息系统的总集成。由于

城市大脑在数据资源开放共享、业务系统互联互通等方面具有较高的复杂性和工程系统性要求，为支撑城市大脑可持续发展和迭代演进，总集成方需要在资金、技术、人员等方面提供较强的能力和较长期的支撑。

（2）子系统提供方。子系统提供方作为某一领域的分包商或系统提供商参与城市大脑建设及运营维护，如云服务提供商、大数据提供商、硬件设备提供商、应用软件系统提供商等。

3. 城市大脑运行（运营）管理方

城市大脑运行（运营）管理方负责管理、运行和维护城市大脑的一系列平台，为城市管理者洞察城市运行状态和辅助决策提供各种信息化服务。同时，通过城市大脑相关平台打破城市不同管理部门之间的信息资源壁垒，实现共享数据和统筹协调，并以能力开放的方式为城市各类业务应用系统提供一体化技术和数据服务，提升城市日常和应急状况下的事务处置效率。

4. 咨询和标准化服务方

咨询和标准化服务方提供城市大脑规划咨询与技术标准服务。城市大脑在数据资源建设、创新型业务应用、系统间互联互通方面的技术复杂度高，相关方可在新技术、新模式、新业态方面提供更多创新性技术咨询和标准化服务。

5. 生态合作方

生态合作方为城市大脑提供技术、资金、服务等各类合作。例如，金融机构可根据城市大脑的建设情况适时提供资金支持；技术机构可提供适用于城市大脑建设的先进技术应用；服务方可在城市大脑能力开放的基础上提供普适化和个性化服务。

6. 安全服务方

安全服务方提供城市大脑建设、集成、使用过程中的安全评估和保障服务。通过安全策略、容灾策略等技术手段及数据安全机制，强化信息资源和个人信息保护，完善信息和数据的安全使用与管理，有效提升城市大脑的安全可控水平。

7. 检验评价方

检验评价方提供城市大脑建设、集成、使用过程中的评估认证服务。通过对城市大脑性能、质量、先进程度、行业水平等方面的度量和检验，确保在城市大脑项目实施过程中各个方面均符合预期要求和各类标准规范。

6.3 城市大脑的建设实施路径

城市大脑将成为越来越多城市适应城市现代化治理能力提升、数字经济新业态蓬勃发展等新要求、新变化的选择，城市大脑的普及程度和应用水平将显著提升。

城市大脑的建设实施路径主要分为顶层规划、体系建设、平台建设、运行管理、运营管理五大阶段，如图 6-2 所示。坚持需求导向、先行示范、循序渐进、迭代改进的工作原则，充分利用已有建设成果，因地制宜地分阶段科学推进城市大脑建设。通过“体制机制+平台建设”双重驱动，推动城市数据整合共享和业务协同，以数字算力提升城市脑力，逐步实现城市大脑治理体系和治理能力现代化。

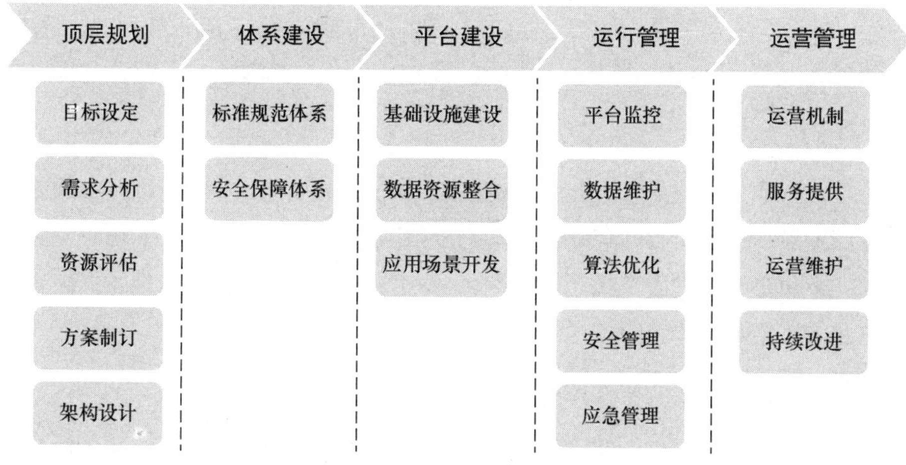

图 6-2 城市大脑的建设实施路径

6.3.1 加强顶层规划设计，明晰城市大脑发展路径

立足城市发展特点、信息化发展基础、各级各部门的应用需求，综合考虑国家和上级政府的相关要求，充分考虑城市发展的定位、需求及规模大小，综合研判城市是否具备城市大脑落地所应具备的发展理念、技术能力、环境支撑、应用场景和良好生态等，制定本级城市大脑发展目标、建设内容、实施路径和建设运营模式等，形成系统性推进思路和方案。

1. 开展需求分析

结合城市信息化发展特征和实际业务场景需要，在既有城市运行管理数字化建设成果的基础上，统筹城市信息化建设。确定城市大脑的责任主体和责任范围，发现责任范围内的重点问题和需求，确保城市大脑的设计能够满足城市发展的实际需求。

2. 确立总体原则

基于需求分析，明确城市大脑建设的总体原则。坚持需求引领，将市民、企业和政府的需求作为城市大脑建设的出发点与落脚点。强调急用先行，针对城市管理中最紧迫、最突出的问题，优先设计并建设相关功能。充分考虑主流技术的发展趋势，确保规划设计的科学性和合理性。

3. 明确建设目标

根据总体原则，明确城市大脑建设的具体目标，规划城市大脑建设范围和类型，对建设方案进行多方评估，确定建设重点，赋能城市整体智治、高效协同、科学决策，助力实现城市全方位数字化转型，推进城市治理体系和治理能力现代化，支撑城市高质量发展。

以信息共享、互联互通为重点，做到统一顶层规划、统一架构设计，突破区划界限、部门界限、行业界限和体制性障碍，充分整合基础设施资源、公共信息资源和终端资源，带动全社会信息资源的广度整合、深度开发利用，最大限度地发挥信息资源的价值和信息化效益。

4. 开展架构设计

开展城市大脑架构设计，包含技术架构设计、部署架构设计、业务架构设计和数据架构设计。技术架构是城市大脑建设的基础，它决定了整个系统的稳定性、可拓展性和可维护性，确保系统能够满足未来城市管理需求。部署架构是技术架构的具体实现，它决定了系统的物理布局和部署方式，确保系统能够在城市范围内实现高效稳定运行。业务架构是城市大脑的核心，它定义了系统需要实现的功能和业务逻辑，梳理了城市大脑的应用场景，确保系统能够全面覆盖城市管理各方面需求。数据架构是城市大脑的重要组成部分，确保系统能够高效处理和管理大量的数据。

5. 确定实施步骤

城市大脑建设应借鉴国内城市大脑建设成功经验，根据自身城市发展战略、城市现代化治理和数字经济发展需求，厘清思路，制订详细的实施计划，明确各阶段的实施任务、时间阶段、责任单位等，确保城市大脑的建设能够按计划有序推进。

6.3.2 加强体系机制建设，保障城市大脑有章可循

在顶层设计之下，研究制定城市大脑建设相关标准规范，如技术规范、数据标准、建设指南、管理规范等，确保城市大脑建设有章可循，为城市大脑统一接入、统一管理、统一应用等奠定必要的基础。建立统一、完善、可靠的城市大脑安全体系架构，按照信息安全与项目“同步规划、同步建设、同步使用”的要求，保障城市大脑的物理安全、网络安全、数据安全。

优化组织机制，破解跨部门协同难题。成立城市大脑建设领导小组，明确主责机构负责城市大脑日常工作，健全工作机制以保障协调推进，健全部门之间、区域之间的协同联通衔接机制、沟通协调机制，建立绩效评估机制，促进部门业务不断和城市大脑融合。

1. 促融合，成体系

完善城市大脑工作体系，持续优化跨部门业务协同流程，探索推动社会共建、共治、共享创新服务模式，持续提升城市治理水平。结合智能化场景的建设经验，以新建与接入两种方式整合城市大脑应用场景建设，实现经济调节、市场监管、社会管理、公共服务和生态环境保护等多领域的业务协同与服务体系融合。

构建清晰的城市大脑建设运营架构、利益分配和评估监督机制，致力于打通制约数据流通的关键环节。加强数据权属、数据安全保护技术等方面的理论研究，探索政府数据与社会数据的互通机制，制定数据采集、传输、存储、共享、利用的标准规范，形成政务数据共享开放和政企数据共享利用的常态化工作机制。强化底线思维，管理手段和技术手段双管齐下，筑牢智慧城市网络和数据安全防线。

2. 强协同，上台阶

进一步丰富城市大脑的融合应用场景，进一步整合优化各类资源，横向连接所有与城市治理相关的委办局和国有企事业单位，纵向对接区/县级平台，居中发挥纵横协调作用，形成城市治理高效运转的核心枢纽。结合前期建设经验，形成管理边界拓展，实现市监、应急、政法、交通、人防等领域的业务协同和服务体系不断融合的发展格局。

3. 建机制，推落地

通过建立高效协同的项目管理体系，探索健康、可持续的项目运营体系，构筑覆盖全面的平台功能体系，建设全域参与的产业生态体系，打造高效智治的政府全能助手，推进大脑建设，保证项目健康良性发展，解决目前国内城市大脑项目存在的运营难、拓展难、协调难、汇聚难、匹配难等问题，实现预期的建设运营目标，打造城市感知体、系统综合体、数据智能体“三体合一”，推进政治、经济、文化、社会、生态五域共治，构建一个更加和谐、高效、智慧的城市生态系统。

6.3.3 推进平台分阶段建设，完成城市大脑项目落地

城市大脑的建设不是一蹴而就的。综合目前国内多个城市启动建设的城市大脑项目，考虑到城市大脑项目投资规模巨大，各城市多以 5 年为规划建设周期，并结合实际，明确各阶段建设重点。

在城市大脑项目推进过程中，应搭建数字底座和城市治理平台，重点关注城市治理中高频事件和跨部门事件的应用场景建设；通过合理的配套建设，快速提升城市治理能力，减少重复建设带来的资源浪费，有效提升存量资源价值，盘活基础存量资源，小投入见大成效。

1. 基础设施建设

建设数据中心、网络基础设施以支持数据的采集、存储和处理。充分利用和整合现有信息化设施，实现现有设施的整合和优化升级，初步形成一个高速、移动、安全、泛在的城市信息化基础设施网络。

2. 技术平台建设

搭建数据分析和人工智能算法平台，确保城市大脑的功能实现。搭建城市大脑应用场景，启动数据资源治理、能力汇聚开放、联动调度智慧和科学决策支撑等系统的全面建设。推动数据资源汇聚共享，实现政务数据、社会数据、经济数据等全领域数据要素的汇聚和价值挖掘。

3. 数据融合治理

将各部门的数据接入城市大脑，进行数据共享和整合。实现横纵双向整合，促进

跨地区、跨部门、跨层级、跨业务数据资源的共享共建，为集约高效挖掘数据价值夯实基础。

4. 应用场景建设

聚焦筑平安、创文明、惠民生、优营商 4 个维度，推动更高效的跨层级、跨领域、跨部门联勤联动，由被动处置型向主动发现型转变。以充分利用存量感知数据，增强 AI 算法赋能和优化事件协同流程为手段，策划领导有感、市民有感的应用场景，促进城市治理水平再上新阶段。

5. 试点标杆建设

城市治理涉及交通、社区、应急等多项内容，在城市大脑项目建设过程中应结合城市发展需要，选择需求迫切、应用效果明显的项目作为切入点进行重点推动，启动先试示范应用项目建设，以点带面加速推动城市大脑整体项目的落地。

6.3.4 成立运行管理中心，保障城市运行高效有序

与传统信息化系统相比，城市大脑具有技术密集、资金密集、系统密集的特点，其复杂性、专业性、技术性决定了其建设应用将是一个长期持续迭代升级的过程。因此，需要成立城市大脑运行管理中心或指挥中心（简称“城市运管中心”），负责城市大脑的日常运行管理。

城市运管中心可以实现统筹支撑城市各级治理单元、动态把握城市运行态势、协同处理各类城市问题、推进城市大脑迭代升级等多项功能，进一步赋能城市大脑建设和数字化治理，让城市会思考，让生活更美好，让资源最优化，让治理更高效。

“负一秒”风险防控，即通过整合打通互联网，实时采集数据，构建多维度的“感知中枢”，全方位监测城市经济发展、社会稳定、安全生产等领域的社情民意，推动防控体系由事中事后处置转向事前预测预警，第一时间发现风险、控制风险、化解风险，打造低风险城区。

“全链条”平战指挥，即构建“控制中枢”，通过打通司法、公安、交通、安监、消防、环保、文化等条状业务系统，推动共联共享运行，实现日常管理的效率提升、应急指挥的统一联动。

“多维度”分析研判，即在汇聚城市数据的基础上构建“逻辑中枢”，运用大数据和模型推演方式，通过分析多维数据背后的逻辑，找准事件发展趋势，为城市管理者提供决策依据，实现精准施策、精细管理。

“大集成”应用支撑，即构建“存储中枢”，通过建立统一的大数据云服务平台，实现多平台、多部门、多社区的综合化数据互通式信息共享，以便当各部门需要数据和台账时，可以直接从库中抽取，减轻基层工作负担，提升基层工作效率。

6.3.5 搭建运营管理体系，推进城市大脑可持续发展

城市大脑的建设不是简单的一次性信息化项目建设，而是一项全局性、长期性、综合性系统工程。如果城市大脑缺少常态化运营模式，将导致其可持续发展能力不足。城市大脑需要长期演进、更新迭代、持续推动应用创新，其价值发挥在于后续的运营服务而非前期建设。

重视可持续运营，探索基于城市大脑真实场景的社会化开放平台，开放网络、平台、数据、应用等资源，综合采用政府补贴、购买服务等方式鼓励企业利用自身特点和经验优势，在开放场景中进行城市大脑项目和产品的实践、验证、迭代。充分发挥城市大脑在共性基础、数字经济、城市治理、宜居环境、产城融合、公共服务、安全韧性七大领域的服务功能和效益，全领域推进城市数字化转型。

建立城市数据资源运营、设施运营、服务运营体系，探索新型政企合作伙伴机制，推动政府、企业、科研智库和金融机构等组建城市数字化运营生态圈，打造多元参与、供需对接、价值驱动的社会长效运营机制。

1. 数据资源运营

数据资源运营致力于集中管理、整合分析城市中的各类数据，确保数据的准确性、完整性和安全性。运营人员对城市大脑接入的数据进行统一管理，制定数据质量管理机制、流程、办法来规范数据质量管理和提供服务，对接入的政务类数据、行业数据、城市事件数据、物联网监测数据、视频监控数据、GIS 图层数据、系统集成数据等进行全生命周期的标准化管理，利用城市大脑系统提供的数据进行分析，为城市决策提供支持。

2. 设施运营

设施运营关注城市基础设施的智能化管理和维护。通过物联网、云计算等技术，

实现对城市基础设施的实时监测、预警和远程控制，确保设施的高效运行和及时维护。同时，通过优化资源配置和设施布局，提升城市整体运行效率和居民生活质量。

3. 服务运营

服务运营旨在提升城市公共服务水平和质量。将城市大脑的功能应用到城市管理的各个领域，为公众提供便捷、高效的服务体验，提升城市治理效能。结合各委办局新的业务需求分析，提出接入数据的建议或需求，评估业务需求所需工作量，提供业务需求满足方法与建议。根据使用情况和反馈意见，持续优化提升城市大脑的性能和功能。关注与公众的互动和反馈，不断优化服务内容和方式。

6.4 城市大脑的体制机制保障

城市大脑的建设是一项系统性、创新性极强的复杂工程，需要强有力的体制机制保障来确保其顺利实施和高效运行。

1. 组织体系

构建政府、企业、智库、数字生态“四位一体”的协同合作体系，全方位推动城市大脑的健康发展。成立由政府高层领导亲自挂帅的领导小组，为城市大脑的建设提供战略指引和资源调配，确保政策的连贯性和战略导向的正确性。大数据局作为城市大脑建设的中枢机构，负责数据标准的制定、数据共享开放的推动、数据安全的监管及数据应用开发的指导，确保数据的最优利用与最佳治理效能。地方国企利用其资金、资源和技术优势参与基础设施的建设与运营，为城市大脑提供稳定的技术支撑和运维服务。同时，联合本地数字化相关智库、高校及研究机构等进行汇聚治理，为城市大脑的建设提供理论研究、战略咨询、技术指导和效果评估。在此基础上，集结多家本土数字化建设领航企业，涵盖 AI、云计算、大数据分析、物联网等多个前沿领域，构建一个生机勃勃的数字生态系统，通过产业链上下游的深度整合与跨界合作，共同塑造一个技术与应用创新的强力联盟，为城市大脑的持续进化和智慧城市的深度建设提供源源不断的创新动力。

2. 政策体系

构建多层次政策体系，实现国家、省、市三级政策的有效衔接。国家层面的宏观政策为城市大脑建设指明方向，并与国家智慧城市和大数据战略保持一致；省级层面根据本地实际，出台配套政策和地方性法规，为项目提供实质性的政策支撑；市级层面则需要细化实施方案，确保政策的落地执行，如《杭州城市大脑赋能城市治理促进条例》等，为政策的具体实施提供操作指南。同时，制定专项规划，明确短期与长期目标，为数据管理、信息安全及应用开发等关键环节制定细致的规范。

3. 管理体系

管理体系是城市大脑高效运行的基石，涵盖项目管理、绩效评估与运维保障 3 部分。采用项目制管理，明确项目各环节的责任、进度、预算，确保项目进程的顺畅与高效。建立科学的绩效评估机制，通过定期量化分析运行效果，形成反馈回路，持续迭代优化，不断提升项目效能与服务质量。运维体系则致力于提供全天候、不间断的监控服务、应急响应及持续优化，维护城市大脑的稳定运行。

4. 运行机制

城市大脑的运行机制设计需要着眼于高效敏捷与协同并进，核心在于构建一个响应灵敏的决策指挥系统与无缝协作的联动机制。这一机制基于实时更新的数据流，迅速洞悉并及时响应城市的各种即时需求，通过跨部门的数据共享与协作，优化资源配置，提升治理效率。应急响应机制的建立应确保面对紧急情况时能够迅速调度资源和采取行动，有效维护城市运行的安全与稳定，支撑城市的可持续发展。

5. 数据资源整合与共享机制

数据是城市大脑的命脉，需要形成闭环管理，覆盖数据采集、治理、共享、交换、交易与安全保护的全链条。通过城市大脑的多源异构数据汇聚整合与治理能力，打破信息孤岛，强化数据治理，构建高质量数据资源体系，促进数据高效流通与交易，提升数据资源价值。同时，构建严格的数据安全管理体系，采用先进的加密与脱敏技术，保障数据全生命周期的安全和城市大脑的稳健运行。

6. 技术创新与应用拓展机制

积极倡导技术创新精神，深化与高等教育机构、科研机构及领先企业的战略合作，共同推动核心技术的革新与应用创新，加速将前沿科技成果嵌入城市治理的血脉，借助人工智能、物联网、数字孪生等新一代信息技术，大幅提升数据处理的精度、分析的深度与决策的智慧性。积极开发并实施一系列创新应用场景，如“一网通办”简化政务流程、“一网统管”实现城市精细化管理、“一网共治”促进多元主体协同治理，以此根除城市管理中的顽疾，全面提升公共服务的效能与民众体验。

7. 人才培养与队伍建设机制

重视数字素养的普及与提升，通过系统性教育与实战培训，增强各级管理人员和技术人员在数据治理与应用方面的能力，为城市大脑建设锻造坚实的人才基础。积极引进并培育高端专业人才，特别是在人工智能、数据科学等前沿科技领域，聚集顶尖智慧，充实并优化城市大脑建设的人才梯队。同时，强化产学研深度融合，搭建高校、科研机构与企业合作的桥梁，加速技术创新向实际应用的成果转化，促进城市大脑建设的理论研究与实践操作同步提升，为城市大脑的长远发展蓄积深厚的人才储备与技术动能。

8. 安全保障体系

安全保障体系是城市大脑建设的基石，是确保其架构稳健运行的首道防线。通过制定安全策略、组建专业团队、强化培训意识，建立全面的安全管理机制。注重加强物理、网络、数据及个人信息的安全防护，完善安全保障体系，并运用智能监测、大数据分析和快速应急响应技术，打造先进的安全技术架构，全方位保障城市大脑基础设施、平台、数据、应用系统及决策服务系统的平稳、高效、安全运行。

第7章 城市大脑的标准化建设

7.1 城市大脑标准化现状

7.1.1 国际标准化现状

2020 年 12 月，城市大脑全球标准研究组、中国科学院虚拟经济与数据科学研究中心、国家创新与发展战略研究会数字治理研究中心等联合发布了《城市大脑全球标准研究报告》，提出了全球城市大脑标准研究的九大方向，从顶层标准、城市神经元分类标准、城市神经元功能与结构标准、城市大脑权限关系标准、总体技术框架标准、全球空间位置标准、世界统一编码标准、城市大脑云反射弧建设标准、城市大脑运行安全标准等入手，有效加快了全球智慧城市建设的步伐。国际标准化组织 ISO/IEC JTC1/WG11 智慧城市工作组下设 AHG12 城市数字孪生和城市操作系统特别小组，围绕城市操作系统开展相关标准预研，研究提出的城市操作系统与国内的城市大脑概念较为接近。2022 年 ISO 发布了 ISO/IEC 24039：2022《信息技术 智慧城市数字化平台参考架构 数据与服务》，明确了智慧城市数字化平台的内涵，其定义的智慧城市数字化平台的含义与城市智能中枢架构较为接近。ISO/IEC 30145—3：2020《信息技术 智慧城市 ICT 参考框架 第 3 部分：智慧城市工程框架》定义了智慧城市运行维护系统，可将其视作城市操作系统实用化的开始。

城市大脑的国际标准化现状显示了全球范围内城市大脑标准化工作的初步阶段和未来发展的潜力。随着技术的进步和国际合作的加深，城市大脑的国际标准化将得到进一步的发展和完善，但这是一个长期且复杂的过程，需要国际社会共同努力，明确标准化的目标和范围，以及如何将国际标准有效转化为具体的操作指南和技术要求。目前城市大脑在国际上正在经历快速的发展和标准化进程，但仍处于发展初期。

7.1.2 国内标准化现状

当前，城市大脑已然成为各地推动城市治理、民生服务、产业发展等全方位城市现代化治理体系建设的关键基础设施，是智慧城市建设的重要内容，各地都在紧密结合自身发展需求，积极探索推进城市大脑建设。标准是规范和引领城市大脑建设发展的重要抓手。标准既可以充分总结当前各地方现有城市大脑建设的最佳实践，也可以适当吸收国内外城市大脑的先进发展理念，是城市大脑规划设计、建设实施、测试验收、运营管理、迭代升级的重要依据。标准通过支撑顶层设计和项目实施，既可以保障城市大脑的建设质量，实现集约化建设，也可以激发城市大脑技术与产业的创新活力，带动上下游产业规范发展。在国内各相关标准化组织的积极推动下，城市大脑标准化工作取得了一定的积极进展。

1. 全国信标委智慧城市标准工作组

全国信标委智慧城市标准工作组（以下简称“工作组”）于 2020 年 9 月 17 日正式成立，秘书处设在中国电子技术标准化研究院。

在国家标准化管理委员会、国家数据局等相关部门的指导下，面向我国智慧城市建设和发展需求，工作组负责组织制定智慧城市信息技术标准体系，开展智慧城市相关技术和标准的研究，申报国家标准、行业标准，承担国家标准、行业标准制修订计划及任务，推动标准的宣贯与实施，组织开展相关国际、国内标准化活动，国际上对接 ISO/IEC JTC1/WG11 智慧城市工作组。工作组通过汇聚智慧城市领域相关的产学研用力量，共同推进智慧城市标准的研制、应用、实施与推广，以标准化手段助力我国智慧城市健康可持续发展。

为系统推进城市大脑行业发展及标准体系研究，工作组下设了城市大脑专题组。专题组负责开展城市大脑行业发展及标准体系研究，组织制定城市大脑领域关键共性标准，推动相关标准的应用实施，以标准化助力城市大脑高质量发展。

2022 年 7 月 19 日，专题组联合城市大脑领域相关产学研用单位，组织立项了国内首个城市大脑国家标准《智慧城市　城市智能中枢　参考架构》（计划号：20220778-T-469），填补了城市大脑国家标准的空白。2022 年 9 月 3 日，在 23 家地方主管部门的指导和支持下，专题组组织国内相关产学研用单位共同编制并发布了《城市大脑标准体系建设指南（2022 版）》，为开展城市大脑标准体系建设工作和研制城市大脑相关标准提供了顶层指导。为进一步推进城市大脑标准化工作，落实《城市大脑标准体系建设指南（2022 版）》，加快城市大脑关键标准的研制与应用实施工作，专题组于 2023 年 3 月启动了城市大脑 10 项团体标准的研制工作，依托中国电子工业标准化技术协会、中国电子学会等团体组织，开展了 10 项预研团体标准的立项、起草、征求意见、送审、报批及发布等工作。在研制过程中同步开展标准的试验验证和测试评估工作，基于标准试验验证情况选取合适的标准项目，将其进一步提升为国家标准。

工作组目前开展的城市大脑标准研制清单如表 7-1 所示。

表 7-1　工作组目前开展的城市大脑标准研制清单

序号	标准类型	计划号	标准名称
1	国家标准	20220778-T-469	《智慧城市　城市智能中枢　参考架构》
2	国家标准	20240864-T-469	《智慧城市　城市智能中枢　数据治理要求》
3	国家标准	20240865-T-469	《智慧城市　城市智能中枢　能力分级模型》
4	团体标准	CESA-2023-106	《城市智能中枢　城市事件管理　第 1 部分：总体要求》
5	团体标准	CESA-2023-107	《城市智能中枢　城市事件管理　第 2 部分：事件引擎功能要求》
6	团体标准	CESA-2023-108	《城市智能中枢　能力评价要求》
7	团体标准	CESA-2023-109	《城市智能中枢　算法协同接入要求》
8	团体标准	CESA-2024-001	《城市智能中枢　人工智能平台总体要求》
9	团体标准	CESA-2024-002	《城市智能中枢　数据资源体系建设指南》

（续表）

序号	标准类型	计划号	标准名称
10	团体标准	CESA-2024-003	《城市智能中枢　数据治理要求》
11	团体标准	JH/CIE 419-2023	《城市智能中枢　智能视觉服务技术要求》
12	团体标准	—	《城市智能中枢　需求分析指南》
13	团体标准	—	《城市智能中枢　数据服务要求》

2. 中国通信标准化协会

2022 年中国通信标准化协会 TC 608 云计算标准和开源推进委员会以云计算开源产业联盟的形式发布了《城市大脑智能运营中心技术能力要求》团体标准，聚焦于城市大脑智能化技术应用和评测。

3. 中国指挥与控制学会城市大脑专业委员会

2022 年 7 月，中国指挥与控制学会城市大脑专业委员会在北京正式成立。该专业委员会积极推进城市大脑团体标准建设，组织研制并发布了《城市大脑　术语》《城市大脑　顶层规划和总体架构》《城市大脑　成熟度评估通则》等 8 项团体标准，标准清单如表 7-2 所示。

表 7-2　中国指挥与控制学会研制的城市大脑团体标准清单

序号	标准类型	标准号	标准名称
1	团体标准	T/CICC 3704-2022	《城市大脑　术语》
2	团体标准	T/CICC 3705-2022	《城市大脑　顶层规划和总体架构》
3	团体标准	T/CICC 3706-2022	《城市大脑　数字神经元基本规定》
4	团体标准	T/CICC 37001-2023	《城市大脑　云反射弧基本规定》
5	团体标准	T/CICC 37002-2023	《城市大脑　数字神经元编码规定》
6	团体标准	T/CICC 37003-2023	《城市大脑　信息安全建设保障指南》
7	团体标准	T/CICC 37004-2023	《城市大脑　基本建设流程》
8	团体标准	T/CICC 37005-2023	《城市大脑　成熟度评估通则》

4. 地方城市大脑标准化情况

在中央层面的顶层设计和高位推动下，包括北京、上海、广东、浙江、江苏等省（市）在内的地方政府竞相制定本区域的城市大脑建设规划，在传统智慧城市建设的基础上，形成了独具特色的城市大脑建设规划，为国内其他省（市）的城市大脑建设提供了参考样本。各地在积极探索数字化建设与转型的过程中，充分认识到标准化工作的支撑引领作用。因此，各地方根据本行政区域数字政府建设的需要，制定本地区城市大脑地方标准，一方面满足了本地特色城市大脑建设的需求，另一方面为国家城市大脑标准化体系的完善提供了基础。

地方城市大脑标准化建设较为活跃，已相继发布城市智能中枢总体要求、数据要求、应用场景等地方标准。其中，山东省发布《智慧城市　基础设施》系列地方标准，对城市智能中枢运行、数据等提出了相关要求；安徽省发布《城市大脑场景接入规范》，对城市大脑应用场景提出了要求；杭州市发布《城市大脑房管系统数据建设规范》；威海市发布《城市大脑场景接入规范》《城市大脑界面设计规范》《城市大脑　统一身份认证接入规范》；六安市发布《六安市新型智慧城市（城市大脑）数据共享规范》，对智慧城市数据共享提出了相关要求。

城市大脑地方标准清单如表 7-3 所示。

表 7-3　城市大脑地方标准清单

序号	标准号	省（市）	标准名称
1	DB3301/T 0273-2018	杭州市	《城市数据大脑建设管理规范》
2	DB3301/T 0401-2023	杭州市	《城市大脑房管系统数据建设规范》
3	DB4110/T 41-2021	许昌市	《莲城智能体　智能中枢功能要求》
4	DB3415/T 40-2022	六安市	《六安市新型智慧城市（城市大脑）数据共享规范》
5	DB3308/T 127-2022	衢州市	《基层智治大脑　事件数据汇聚流转基本要求》
6	DB3308/T 126-2022	衢州市	《基层智治大脑　事件数据采录管理规范》
7	DB3308/T 125-2022	衢州市	《基层智治大脑　视频图像结构化处理技术规范》
8	DB3308/T 124-2022	衢州市	《基层智治大脑　感知平台技术规范》
9	DB37/T 4613.1-2023	山东省	《智慧城市　基础设施　第 1 部分：城市智能中枢总体要求》
10	DB37/T 4613.2-2023	山东省	《智慧城市　基础设施　第 2 部分：城市智能中枢数据要求》
11	DB37/T 4613.3-2023	山东省	《智慧城市　基础设施　第 3 部分：城市智能中枢运行管理》
12	DB34/T 4538-2023	安徽省	《城市大脑场景接入规范》
13	DB2201/T 29-2023	长春市	《城市智能体中枢系统管理规范》
14	DB3710/T 210-2023	威海市	《城市大脑　界面设计规范》
15	DB3710/T 211-2023	威海市	《城市大脑　事件管理中台接入规范》
16	DB3710/T 212-2023	威海市	《城市大脑　统一身份认证接入规范》

目前国内在城市大脑的标准化方面已经取得了显著进展，立项并发布了多项与城市大脑相关的国家标准、地方标准和团体标准。此外，我国积极参与国际标准化组织的标准化工作，进一步加强与主要国家的交流与合作，不断提升城市大脑标准化工作的国际性，向全球分享中国经验，适时引领和推动全球城市大脑标准化工作的开展。

7.2 城市大脑标准体系

为系统、有序地推动城市大脑标准化工作，不断完善城市大脑标准体系，2022 年 9 月，全国信标委智慧城市标准工作组组织相关产学研用单位共同编制并发布《城市大脑标准体系建设指南（2022 版）》（以下简称《指南》）。《指南》明确了城市大脑标准体系建设的总体要求，构建了城市大脑标准体系总体框架，从城市大脑总体标准、基础设施标准、数据标准、关键支撑能力标准、应用服务标准、建设管理标准和安全保障标准 7 个方面提出了具体建设内容，并围绕机制建设、标准研制、标准实施、国际合作等方面提出了具体组织实施路径。《指南》是我国城市大脑标准化工作的总体性、体系性规划，既可以为当前和未来一段时间内的城市大脑标准体系建设工作提供指导，也可以促进标准在支撑各地城市大脑项目建设、技术创新、产业发展等方面发挥实效。

7.2.1 体系结构

城市大脑标准体系结构包括“01 总体”“02 基础设施”“03 数据”“04 关键支撑能力”“05 应用服务”“06 建设管理”“07 安全保障”7 个部分，如图 7-1 所示。

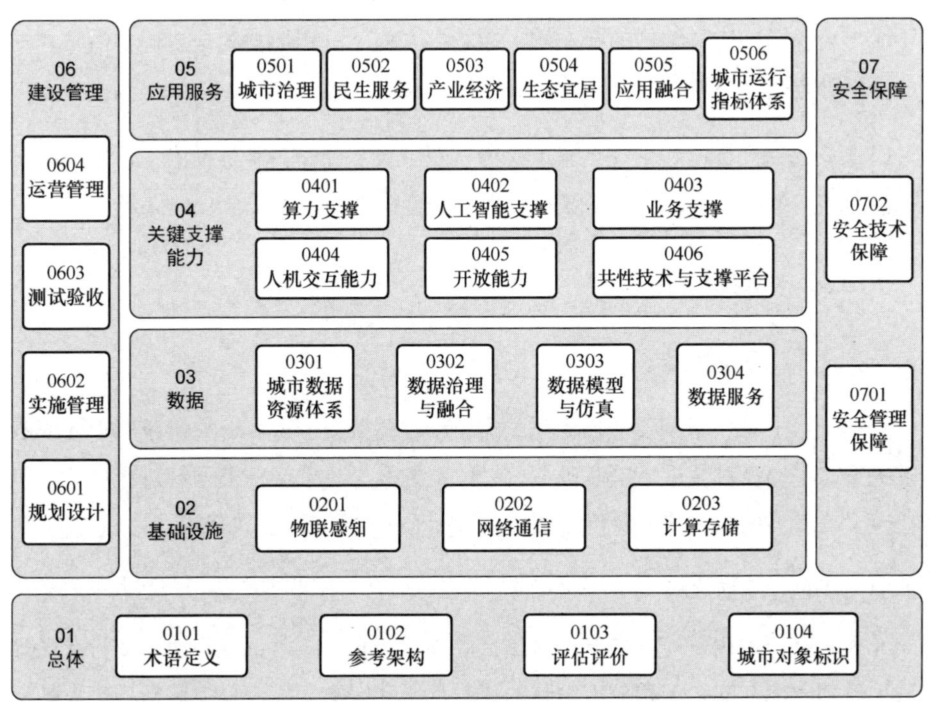

图 7-1 城市大脑标准体系结构

（1）总体标准包括术语定义、参考架构、评估评价、城市对象标识等子类标准，位于城市大脑标准体系结构的底层，是城市大脑标准体系结构的基础性、共性标准。

（2）基础设施标准包括物联感知、网络通信、计算存储等子类标准，为城市大脑建设和运行提供基础资源支撑。

（3）数据标准包括城市数据资源体系、数据治理与融合、数据模型与仿真、数据服务等子类标准，为城市大脑建设和运行提供数据资源支撑。

（4）关键支撑能力标准包括算力支撑、人工智能支撑、业务支撑、人机交互能力、开放能力、共性技术与支撑平台等子类标准，为城市大脑应用服务提供关键能力支撑。

（5）应用服务标准包括城市治理、民生服务、产业经济、生态宜居、应用融合和城市运行指标体系等子类标准，位于城市大脑标准体系结构的顶层，面向城市大脑在应用领域的需求和场景细化标准，支撑各应用领域的发展。

（6）建设管理标准包括规划设计、实施管理、测试验收、运营管理等子类标准，位于城市大脑标准体系结构的最左侧，为城市大脑建设和运营的全过程提供技术、方法、流程等方面的指导。

（7）安全保障标准包括安全管理保障、安全技术保障等子类标准，位于城市大脑标准体系结构的最右侧，为各层级标准提供安全技术支撑和安全管理保障。

7.2.2 建设内容

7.2.2.1 总体标准

总体标准主要用于明确城市大脑的定位、相关概念、边界、应用及以上各要素之间的关系，主要针对城市大脑基础性、总体性的概念、框架、模型等进行规范，包括术语定义、参考架构、评估评价、城市对象标识等子类标准，如图 7-2 所示。

1. 术语定义标准

术语定义标准用于统一和规范城市大脑相关概念、技术、应用服务及行业场景，为其他各部分标准的制定和城市大脑的建设及研究提供支撑，具体包括城市大脑相关术语的定义、范畴、实例等标准。

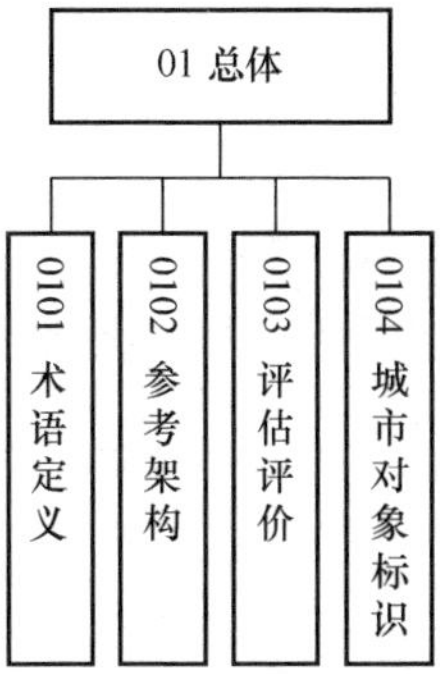

2. 参考架构标准

参考架构标准用于规范城市大脑相关技术、数据资源、应用及业务场景的逻辑关系和相互作用，明确城市大脑对象、边界、各部分的层级关系和内在联系等，为开展城市大脑建设运营工作提供定位和方向建议。

图 7-2 总体标准

3. 评估评价标准

评估评价标准用于构建城市大脑能力、相关方建设实施能力、运营管理水平等方面的共性评价体系，研制能力评价指标体系、成熟度模型、评估方法，形成统一的“度量尺”，明确评估依据、评估原则、评估实施路径，实现以评促建、以评促管，保障城市大脑建设质量和水平。

4. 城市对象标识标准

城市对象标识标准用于统一和规范城市大脑建设中人、组织、事、物体等城市对象要素的标识与解析，建立涵盖城市大脑各种虚实对象要素的统一标识和编码体系，满足城市大脑各层级间的互操作和数据共享需求，包括城市对象标识原则、对象标识编码、标识管理、标识解析及标识应用等标准。

总体标准建设重点如表 7-4 所示。

表 7-4 总体标准建设重点

子类标准	建设重点
术语定义标准	结合城市大脑理论研究及建设实践，明确相关术语的定义和内涵，开展城市大脑术语标准的制定工作
参考架构标准	针对城市大脑标准化的对象、边界、各部分的层级关系和内在联系，明确城市大脑相关技术、应用场景及价值链的逻辑关系、相关作用、发展方向，开展城市大脑参考架构等标准的研制工作
评估评价标准	围绕地方城市大脑及相关方建设运营能力评估需求，开展城市大脑评价指标体系、成熟度模型、评估方法、认证体系等标准的研制工作
城市对象标识标准	为统一标识城市对象，实现城市虚实空间的映射交互，开展城市对象标识编码、标识解析、标识管理、标识应用等标准的研制工作

7.2.2.2 基础设施标准

基础设施标准主要针对城市大脑运行所依赖的物联感知、网络通信、计算存储等基础设施进行规范，在优先采用已有智慧城市基础设施相关国家标准、行业标准及其他先进标准的基础上，研究制定城市大脑特定的物联感知标准、网络通信标准和计算存储标准。基础设施标准如图 7-3 所示。

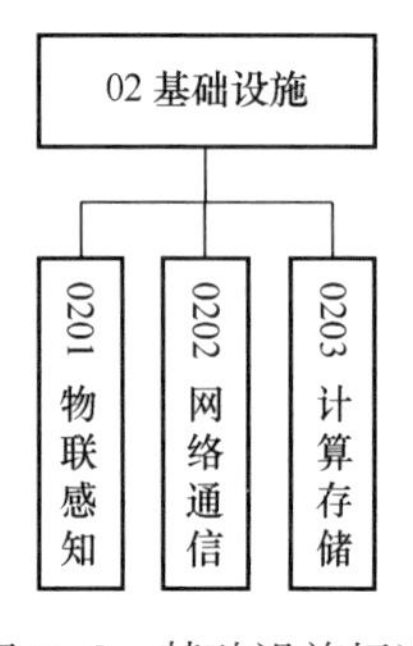

图 7-3 基础设施标准

1. 物联感知标准

物联感知标准主要用于规范城市大脑开发和应用过程中涉及的感知与执行关键技术要素，为城市大脑各类感知信息的采集、交互和互联互通提供硬件设备支撑，输出城市物理和社会空间的各类物联感知、视频图像等城市感知信息。

物联感知标准包括感知设备标准、智能终端操作系统标准、感知数据传输协议和互操作技术标准、视频图像采集解析标准、终端功能性能测评标准、测试验证方法标准、边缘计算标准、物联感知安全防护标准等。

2. 网络通信标准

网络通信标准主要用于规范城市大脑底层的网络通信组成、架构、互联关系、接入要求等，为城市大脑提供高容量、高带宽、高可靠的网络通信基础设施，支撑城市大脑上行感知数据传输和下行控制指令，以及文件下载、数据归集和数据交换。

网络通信标准包括总体技术架构标准、接入网标准、承载网标准、核心网标准、网络通信安全标准、网络可靠性标准等。

3. 计算存储标准

计算存储标准主要用于规范城市大脑所涉及的包含云、边、端各类智能系统的通用计算设施、智能计算设施和存储设施的总体技术架构、适用场景及基本组成等，提供与城市数据规模相适应的基础计算存储资源。

计算存储标准包括基础软硬件，资源虚拟化，多级多域异构计算及计算存储适应性评测、分配、调度使用、运维等方面的标准。

7.2.2.3 数据标准

数据标准包括城市数据资源体系、数据治理与融合、数据模型与仿真、数据服务等子类标准（见图 7-4），作为数据资源池为城市大脑应用服务提供资源要素，涵盖数据全生命周期需要遵循的标准。

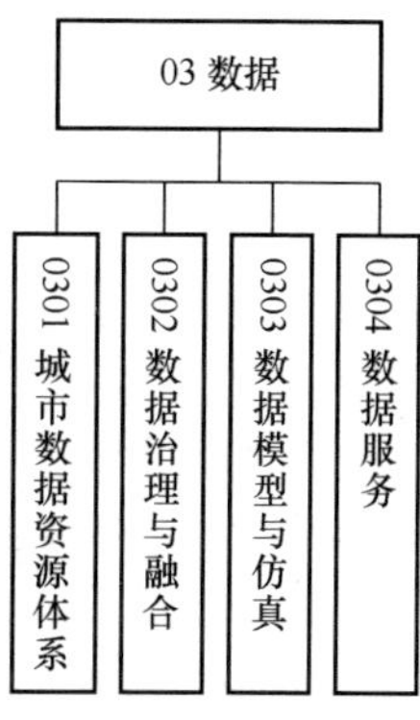

图 7-4 数据标准

1. 城市数据资源体系标准

城市数据资源体系标准主要用于规范城市规划、建设、运行、管理中数据的体系框架、分级分类、目录编码、权限级别等技术要素。城市数据资源包括来自政府、网络运营商、互联网、社会企业等各方的人口、法人、电子证照、信用信息、自然资源与空间地理、宏观经济、物联感知等基础数据，公安、卫健、教育、交通、能源等主题数据，以及突发事件、百姓诉求、防灾防害、产业经济等专题数据。

2. 数据治理与融合标准

数据治理标准主要用于规范城市数据资源体系中的数据在收集、传输、存储、加工、使用、公开等环节的技术要素，以及数据供需、一体化调度、数据质量、数据跨层级/跨区域协调共享的管理要求；数据融合标准主要用于规范城市数据资源在解析、关联、匹配等融合过程中的技术要素。

3. 数据模型与仿真标准

数据模型标准主要用于规范城市物理空间模型、城市信息模型、语义本体模型等基础模型的定义；数据仿真标准主要用于规范面向城市交通仿真、能耗仿真、灾害仿真等应用场景的算法模型集成、模拟推演、智能交互等技术要素。

4. 数据服务

数据服务标准主要用于规范数据为不同应用场景提供服务时所涉及的技术要素和管理要求。技术要素主要包括数据汇聚、推送、查询、填报、比对订阅、高速数据采集与传输、服务编排、跨网服务、审批下载、展示呈现等内容；管理要求主要包括服务生成、注册、挂接、维护、发布、订阅、审核等环节。

数据标准建设重点如表 7-5 所示。

表 7-5　数据标准建设重点

子类标准	建设重点
城市数据资源体系标准	重点开展城市数据资源体系框架、数据分级分类（重点围绕敏感数据的识别与分类）及基础库、主题库、专题库等标准的研制工作
数据治理与融合标准	重点开展面向城市大脑应用服务的基础数据、主题数据、专题数据等数据资源治理与融合等标准的研制工作
数据模型与仿真标准	重点开展城市数据模型、数据智能组件、数据格式要求、数据关联要求、仿真推演总体架构、仿真算法模型集成等标准的研制工作
数据服务标准	重点开展数据全生命周期中的数据共享交换、数据查询与推送、接口服务编排、数据服务管理等标准的研制工作

7.2.2.4　关键支撑能力标准

关键支撑能力标准包括算力支撑、人工智能支撑、业务支撑、人机交互能力、开放能力、共性技术与支撑平台等子类标准（见图 7-5），主要针对城市大脑建设与运营所需的城市级共性类、通用类支撑技术和功能等进行规范，为城市大脑应用服务提供能力支撑。

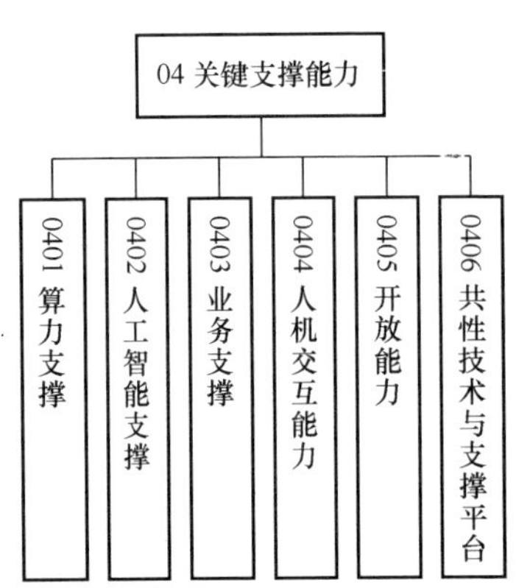

图 7-5　关键支撑能力标准

1. 算力支撑标准

算力支撑标准用于规范城市大脑建设所需智能算力支撑技术和方法，协调云侧、边缘侧和端侧分布式计算，解决算力支撑中的异构计算资源接口、计算资源调度、计算任务协同等问题。算力支撑标准包括算力资源管理、算力调度、协同管理等标准。

2. 人工智能支撑标准

人工智能支撑标准用于规范面向城市大脑提供人工智能支撑的技术和管理方法，解决城市大脑人工智能应用、算法模型管理等问题。具体包括人工智能应用指南和平台架构标准，人工智能算法兼容适配、算法接口规范、训练引擎、算法库、知识库、规则库、模型库、工具库，以及算法测试、算法调度管理等标准。人工智能支撑标准还可以进一步规范城市大脑中各类模型的定义，如认知模型、智能计算模型、预测预警模型、分析应用模型、评价决策模型等。

3. 业务支撑标准

业务支撑标准用于规范城市大脑业务支撑系统的基础和共性要求，满足城市大脑的整体态势感知、监测预警、指挥协同、决策分析等需求。业务支撑标准包括业务支撑框架、统一事件、统一身份、统一认证授权、统一算法服务和业务支撑接口等方面的标准。

4. 人机交互能力标准

人机交互作为城市大脑的核心支撑功能，通过构建人物互联、人机协同、平台互通的智能连接中枢，实现"感知—决策—执行"的全链路闭环，驱动城市要素的智能化交互与协同响应。其用于解决语音、图像、视频、手势、体感、脑机等多模态交互的融合协调和高效应用问题，确保交互模式的高可靠性和安全性，赋能城市运营管理和决策分析。人机交互能力标准包括场景交互、数据交互、多终端（大屏、中屏、小屏）交互、多模态人机交互、无障碍交互等方面的标准。

5. 开放能力标准

开放能力主要指城市大脑面向政府、社会、企业和公民，以及其他层级和领域的智能化系统或应用，提供业务能力和资源（包括算力、数据、共性组件、基础服务等资源）。开放能力标准包括能力和资源的分类方法、目录编制、开放管理与服务、系统间互操作及接口等方面的标准。

6. 共性技术与支撑平台标准

共性技术与支撑平台标准用于规范城市大脑在建设过程中涉及的共性技术和支撑平台，包括城市数据交换、安全和协同等区块链共性技术，城市数据采集、存储和处理等大数据共性技术，城市信息模型构建等数字孪生共性技术，以及城市共用的技术标准和城市基础共性平台标准。

关键支撑能力标准建设重点如表 7-6 所示。

表 7-6 关键支撑能力标准建设重点

子类标准	建设重点
算力支撑标准	重点开展智能算力平台技术架构、算力资源管理、算力协同和调度等标准的研制工作
人工智能支撑标准	重点开展人工智能应用指南和平台架构标准，城市大脑模型、人工智能算法兼容适配、训练引擎、算法库、知识库，以及算法测试、调度管理等标准的研制工作
业务支撑标准	重点开展业务支撑框架、统一事件、统一身份、统一认证授权、统一算法服务和业务支撑接口等标准的研制工作

（续表）

子类标准	建设重点
人机交互能力标准	重点开展物联感知、动态识别、多终端多模态人机交互等交互技术、数据和应用等标准的研制工作
开放能力标准	重点开展能力和资源的分类方法、目录编制、开放管理与服务、系统间互操作、数据接口和服务保障规范等标准的研制工作

7.2.2.5 应用服务标准

基于城市数据资源融合和关键支撑能力，结合各应用领域的特点，发挥城市大脑关键支撑能力对应用领域的支撑作用，制定各应用领域的数字化服务标准、应用场景门户开发标准、应用评价指标体系、规范和指南，推动城市大脑在各领域的应用，为数字经济、数字政府、数字社会赋能。应用服务标准由城市治理、民生服务、产业经济、生态宜居、应用融合、城市运行指标体系等子类标准构成，如图 7-6 所示。

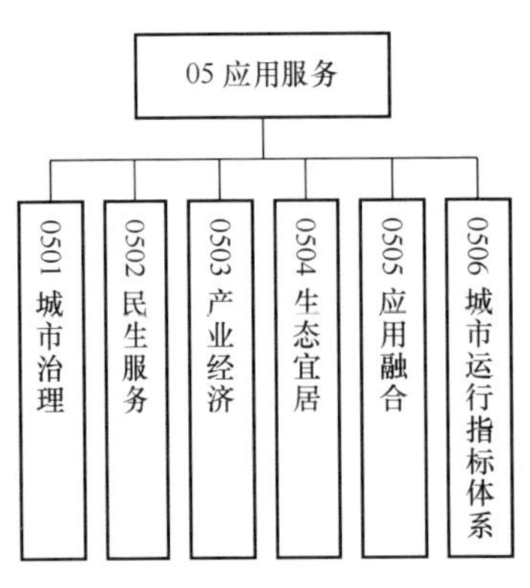

图 7-6　应用服务标准

1. 城市治理标准

城市治理标准用于规范城市大脑在城市精细化治理、城市精准化决策、城市应急指挥等方面的应用，实现对人、地、事、物、情、组织等城市管理要素的全息全景感知，驱动业务流程优化，支撑城市常态化运行管理和平急融合的应急指挥，涉及应急管理、城市管理、公共安全、基础设施管理等应用场景，需要制定城市治理方面的城市大脑能力体系、城市大脑应用服务、城市大脑应用评价等标准。

2. 民生服务标准

民生服务标准用于规范城市大脑在政务服务、公共服务等方面的应用，通过城市大脑的综合服务能力，配置服务资源、优化服务流程，为民众提供一站式、一键式、智能化、便捷化服务，提升民众的幸福感，涉及政务服务、交通出行服务、民政服务、教育服务、医疗服务和文化旅游服务等应用场景，需要制定民生服务方面的城市大脑能力体系、城市大脑应用服务、城市大脑应用评价等标准。

3. 产业经济标准

产业经济标准用于规范城市大脑在产业数字化、数字产业化等方面的应用，构建全要素、全产业链价值服务，洞察产业发展问题，激发数字产业化引擎动力和产业数字化创新活力，打造开放、共享、合作、共赢的产业新态势，带动产业经济发展，提升产业效益，规范金融市场，促进产业融合，涉及智慧园区、智慧农业、智能制造、普惠金融、商贸流通、航运物流、招商引资、产业布局等应用场景，需要制定产业经济方面的城市大脑能力体系、城市大脑应用服务、城市大脑应用评价等标准。

4. 生态宜居标准

生态宜居标准用于规范城市大脑在生态环境、宜居体验等方面的应用，开展全域水、空气、噪声等自然环境和自然资源的管理，以及污染物排放、垃圾分类等居住环境的实时监测，构建生态环境的监测、预警、辅助决策、展示交互和综合指挥的闭环管理，实现人居人身安全、环境健康、生活方便、出行便捷、居住舒适的人与自然和谐共生的局面，涉及智慧社区、智慧生态、智慧家庭、智慧水务、智慧文旅等应用场景，需要制定生态宜居方面的城市大脑能力体系、城市大脑应用服务、城市大脑应用评价等标准。

5. 应用融合标准

应用融合标准用于规范城市大脑在复杂应用领域的业务协同、资源共享，根据城市大脑的应用融合机制和要求，促进城市多元主体共同参与业务应用，以及跨区域、跨层级、跨部门多业务协同，形成资源共享、应用联动和闭环处置，实现事前控制、事中监管、事后可溯的业务协同管控模式，提高对复杂场景的处置能力，涉及“一网通办”“一网统管”等融合应用场景，需要制定应用融合方面的城市大脑能力体系、城市大脑应用服务、城市大脑应用评价等标准。

6. 城市运行指标体系标准

城市运行指标体系标准用于规范城市大脑在保障城市健康运行方面的应用，通过构建城市运行指标体系，实现对城市运行态势的感知、预测预警、决策支持和指挥调度，挖掘城市发展的内在规律，为决策者提供辅助决策，实现城市运行全过程管理，助力城市治理“一网统管”，涉及经济建设、政治建设、文化建设、社会建设、生态文明建设等应用场景，需要制定城市运行指标体系框架、城市运行指标体系分类、城市运行指标体系设计、城市运行指标体系可视化、城市运行指标体系管理等方面的标准。

应用服务标准建设重点如表 7-7 所示。

表 7-7　应用服务标准建设重点

子类标准	建设重点
城市治理标准	重点关注应急管理、城市管理、公共安全、基础设施管理等应用场景，开展城市大脑能力体系、城市大脑应用服务指南、城市大脑应用评价等标准的研制工作
民生服务标准	重点关注政务服务、交通出行服务、医疗服务等应用场景，开展城市大脑能力体系、城市大脑应用服务指南、城市大脑应用评价等标准的研制工作
产业经济标准	重点关注智慧园区、智慧农业、智能制造、普惠金融等应用场景，开展城市大脑能力体系、城市大脑应用服务指南、城市大脑应用评价等标准的研制工作
生态宜居标准	重点关注智慧社区、智慧生态、智慧家庭等应用场景，开展城市大脑能力体系、城市大脑应用服务指南、生态宜居城市大脑应用评价等标准的研制工作
应用融合标准	重点关注“一网通办”“一网通管”等应用场景，开展城市大脑能力体系、城市大脑应用服务指南、城市大脑应用评价等标准的研制工作
城市运行指标体系标准	重点关注经济建设、政治建设、文化建设、社会建设、生态文明建设等应用场景，开展城市运行指标体系框架、城市运行指标体系设计、城市运行指标体系可视化、城市运行指标体系管理等标准的研制工作

7.2.2.6　建设管理标准

建设管理标准包括规划设计、实施管理、测试验收、运营管理等子类标准（见图 7-7），为城市大脑规划、建设、实施和验收提供基本保障，提供技术、方法、流程等方面的指导和参考。

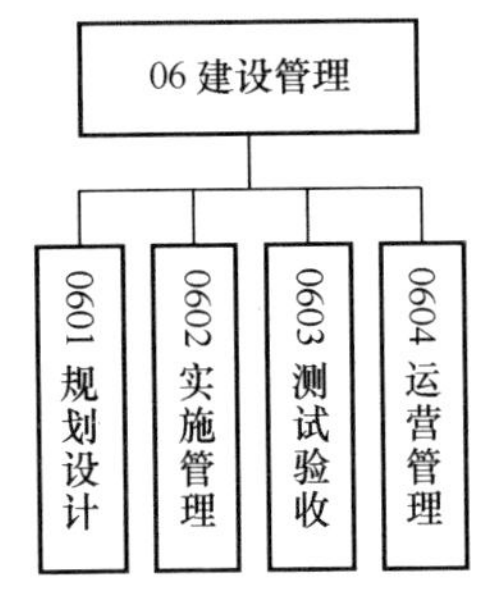

图 7-7　建设管理标准

1. 规划设计标准

规划设计标准用于规范城市大脑规划设计的概念和定位、涉及的范围、多级系统（横向跨部门、纵向跨层级）之间的数据及业务协同、实现过程和交付成果等内容，为城市大脑项目的需求分析、顶层规划、专项规划、可行性研究、招标实施等相关工作提供支撑。规划设计标准包括可行性研究、规划、设计等方面的标准。

2. 实施管理标准

实施管理标准用于规范城市大脑建设项目实施管理的相关概念和定位、涉及的范围、总体流程、交付成果等内容，为城市大脑项目的组织管理、进度管理、质量管理等相关工作提供支撑。实施管理标准包括组织管理、采购规程、项目建设管理等方面的标准。

3. 测试验收标准

测试验收标准用于规范城市大脑建设项目测试验收管理的相关概念和定位、涉及范围、总体流程、交付成果等内容，为城市大脑项目的测试、初步验收、试运行、终验等相关工作提供支撑。具体包括测试验收流程、测试验收要求、验收结论、项目实施后评估等标准。

4. 运营管理标准

运营管理标准用于规范城市大脑建设项目运营管理的相关概念和定位、涉及范围、总体流程等内容，为城市大脑项目的运营组织模式、运营管理体系、运营实施流程、考核评价、监督管理等相关工作提供支撑。具体包括运营管理体系、运营实施流程、考核评价、监督管理等标准。

建设管理标准建设重点如表 7-8 所示。

表 7-8 建设管理标准建设重点

子类标准	建设重点
规划设计标准	重点开展城市大脑项目的需求分析、总体架构、业务架构、技术架构、数据架构、应用架构、安全体系、运营管理体系、项目组织实施管理、项目预算等标准的研制工作
实施管理标准	重点开展城市大脑项目的组织管理、采购管理、项目建设管理、试运行管理等标准的研制工作
测试验收标准	重点开展城市大脑项目的测试验收流程、测试验收要求、项目实施后评估等标准的研制工作
运营管理标准	重点开展城市大脑项目的运营管理体系、运营实施流程、考核评价、监督管理等标准的研制工作

7.2.2.7 安全保障标准

安全保障标准主要针对城市大脑在建设运行期间的安全管理进行规范，包括安全管理保障、安全技术保障等子类标准（见图 7-8），贯穿城市大脑建设与运营的全过程。

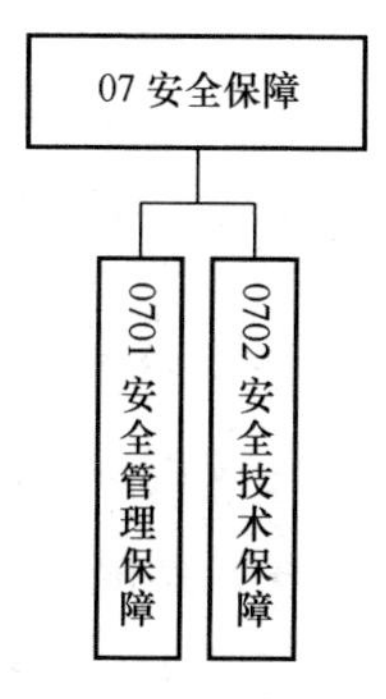

图 7-8 安全保障标准

1. 安全管理保障标准

安全管理保障标准主要用于规范城市大脑安全管理体系，组建安全管理机构和人员团队，建立安全事件应急处理流程，构建城市大脑安全管理机制，包括安全管理工作机制、安全保密机制、安全检查机制、安全风险预警机制、安全隐患排查机制、安全教育培训机制、安全文化宣传机制等，保障城市大脑的安全运行。

2. 安全技术保障标准

安全技术保障标准用于规范城市大脑信息与基础设施的安全运行，依据涉及国家安全、国计民生、公共利益、商业秘密和个人隐私等方面的数据安全、网络安全、关键信息基础设施安全相关标准及法规、政策，构建城市大脑安全系列技术标准，为城市大脑自主、安全、稳定运行提供保障。安全保障标准将充分引用已有的国家标准。

安全保障标准建设重点如表 7-9 所示。

表 7-9　安全保障标准建设重点

子类标准	建设重点
安全管理保障标准	重点开展城市大脑安全管理要求、城市大脑安全风险预警和隐患排查、城市大脑安全事件应急处置等标准的研制工作
安全技术保障标准	重点开展城市大脑安全运行技术要求、城市大脑系统安全评价要求、城市大脑数据安全共享等标准的研制工作

7.3 重点标准介绍

7.3.1 城市智能中枢参考架构

7.3.1.1 基本情况介绍

2022 年 7 月 19 日，根据国家标准委《关于下达 2022 年第二批国家标准制修订计划的通知》，国家标准《智慧城市　城市智能中枢　参考架构》项目计划下达，项目计划号为 20220778-T-469，该项目计划由全国信息技术标准化技术委员会提出并归口，由全国信标委智慧城市标准工作组组织研制。目前该标准已通过专家审查并形成报批稿，即将进入批准发布阶段。

7.3.1.2 编制背景及意义

我国智慧城市建设已经进入大数据与人工智能技术驱动的统筹推进阶段。在人工智能技术的赋能下，智慧城市的应用场景不断落地和拓展，以云计算、大数据、人工智能等技术为核心的新一代信息技术逐渐成为智慧城市建设和城市治理转型的关键。

在各类城市级应用场景中，城市智能中枢（城市大脑）具有大规模通用和普遍适用的特点，可以有效解决城市管理效率低、业务协同难、事件无法及时处置等重要业务难题，提升城市精准精细治理水平，支撑城市数字化转型升级。城市大脑以实现高效能治理为目标，已成为各地构建经济治理、社会治理、城市治理等全方位城市治理体系的有效抓手。近年来，各地结合自身发展需求，积极探索推进城市大脑建设，积累了丰富的实践案例，但也面临各种各样的发展难题。目前“城市智能中枢”“城市大脑”等缺乏统一的建设规范和标准，各地在思想、理念、模式等方面暂未形成统一的认识，不同的城市对“城市智能中枢”“城市大脑”等概念的理解不同，建设技术框架也各不相同。因此，急需从国家标准层面统一“城市智能中枢”术语的定义，规范技术参考架构。国家标准《智慧城市　城市智能中枢　参考架构》通过给出城市智能中枢总体参考架构，并规定城市智能中枢的核心能力支撑要求和智慧应用要求，有效规范和指导各城市开展城市智能中枢的建设与运营。

7.3.1.3 主要内容

国家标准《智慧城市 城市智能中枢 参考架构》给出了城市智能中枢的总体架构，规定了城市智能中枢在信息基础设施、数据资源、能力支撑、能力开放、智慧应用、安全保障及运维运营等方面的要求，适用于指导城市智能中枢及相关项目的规划、设计、建设和运维运营。

城市智能中枢以技术实现为视角，自底向上分为横向 5 个层级相互支撑、纵向安全和运维运营体系贯通横向各层级，不同规模、不同应用领域的城市智能中枢可以映射到相应层级的技术模块。城市智能中枢总体架构如图 7-9 所示。

（1）信息基础设施：包括物联感知基础设施、网络通信基础设施和云基础设施，为城市智能中枢提供感知、通信、存储和计算等数字化资源。

（2）数据资源：为城市运行管理和政府各职能部门开展基于大数据的公共服务创新应用提供支撑，提供原始数据、归集数据、基础数据、主题数据、专题数据等数据资源服务。

（3）能力支撑：提供算力支撑、数据支撑、人工智能支撑、业务支撑和人机交互等核心能力。

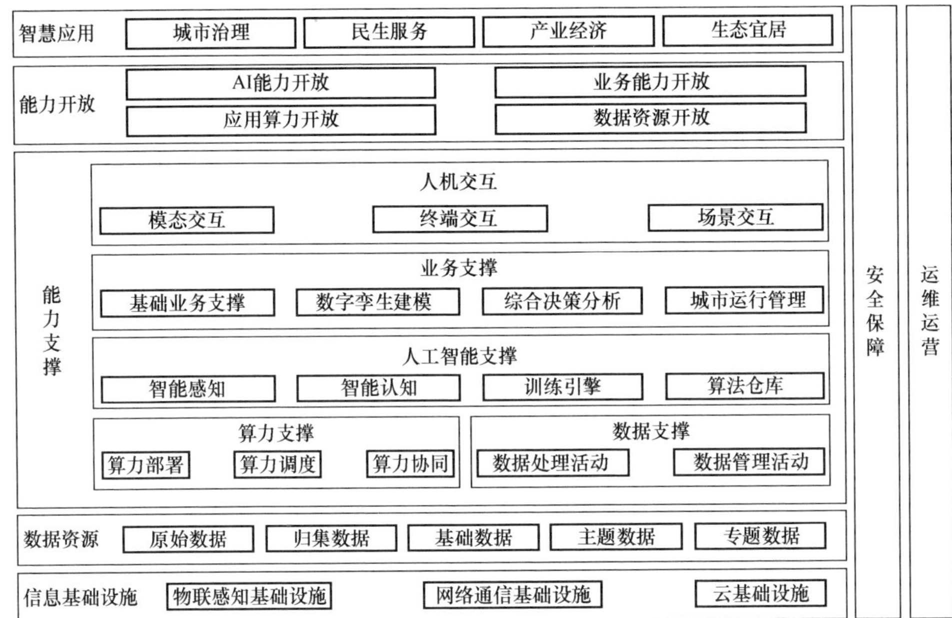

图 7-9　城市智能中枢总体架构

（4）能力开放：面向不同服务对象、不同需求的场景等，提供算力、数据资源等开放的服务能力。

（5）智慧应用：面向城市治理、民生服务、产业经济和生态宜居等领域，提供各类智慧应用。

（6）安全保障：为城市智能中枢信息基础设施、数据资源、服务能力的自主、安全、可控提供完善的网络和信息安全保障。

（7）运维运营：提供城市智能中枢运维管理和运营管理能力。

7.3.2　城市智能中枢能力评价要求

7.3.2.1　基本情况介绍

2023 年 12 月 8 日，中国电子工业标准化技术协会下达了《关于公布 2023 年第十一批团体标准制修订项目的通知》（中电标通〔2023〕032 号）。根据该通知，团体标准制订计划《城市智能中枢　能力评价要求》正式下达，项目计划号为 CESA-2023-108。该标准项目由中国电子工业标准化技术协会归口，由全国信标委智慧城市标准工作组组织研制。

此外，依据该标准同步申报的国家标准立项建议于 2024 年 4 月 25 日正式下达，根据国家标准委《关于下达 2024 年第二批国家标准制修订计划的通知》，国家标准《智慧城市 城市智能中枢 能力分级模型》制订计划下达，项目计划号为 20240865-T-469。该项目由全国信息技术标准化技术委员会提出并归口，后续由全国信标委智慧城市标准工作组同步推进国家标准、团体标准的研制进程。

7.3.2.2 编制背景及意义

2021 年 3 月，《中华人民共和国国民经济和社会发展第十四个五年规划和 2035 年远景目标纲要》发布，明确指出以数字化助推城乡发展和治理模式创新，全面提高运行效率和宜居度；完善城市信息模型平台和运行管理服务平台，构建城市数据资源体系，推进城市数据大脑建设。2022 年 10 月 16 日，习近平总书记在党的二十大报告中提出，坚持人民城市人民建、人民城市为人民，提高城市规划、建设、治理水平，加快转变超大特大城市发展方式，实施城市更新行动，加强城市基础设施建设，打造宜居、韧性、智慧城市。2024 年 5 月 14 日，国家发展改革委等四部门联合印发《关于深化智慧城市发展 推进城市全域数字化转型的指导意见》，提出构建统一规划、统一架构、统一标准、统一运维的城市运行和治理智能中枢，打造线上线下联动、服务管理协同的城市共性支撑平台。随着数字时代的到来，全面推进城市数字化转型，构建与城市数字化发展相适应的现代化治理体系与治理能力，已经成为推进新型智慧城市、“数字中国”建设的关键任务。

近年来，城市大脑（城市智能中枢）已经成为智慧城市建设实施的重要抓手，各地方结合自身发展需求，积极探索推进城市大脑建设，积累了丰富的实践案例。但是，由于缺乏统一规范的能力评价体系，各地在推进城市大脑建设时存在质量参差不齐、无法进行科学的评估改进等问题。为科学衡量我国各地区城市大脑建设和应用成效，更好地发挥城市大脑的应用效能，实现“以评促建、以评促改、以评促管”，团体标准《城市智能中枢 能力评价要求》通过全面梳理城市大脑相关的能力体系，明确城市大脑能力评价指标和要求，为建立全面的城市大脑能力体系和开展城市大脑能力评价工作提供了标准指导。

7.3.2.3 主要内容

团体标准《城市智能中枢 能力评价要求》确立了城市智能中枢能力体系框架，

给出了能力域说明、能力子域说明及各能力子域的评价指标。适用于指导建立全面的城市智能中枢能力体系，也适用于指导开展城市智能中枢能力评价工作。

城市智能中枢能力体系框架如图 7-10 所示。

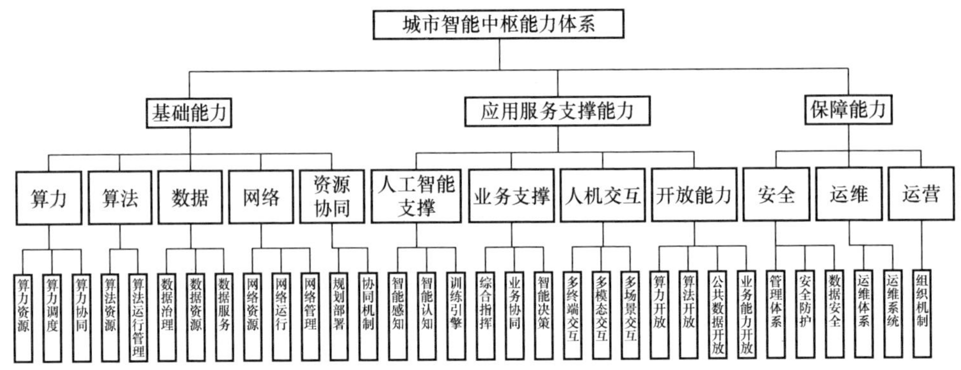

图 7-10　城市智能中枢能力体系框架

城市智能中枢能力体系包括基础能力、应用服务支撑能力、保障能力 3 类。

1. 基础能力

基础能力包括算力、算法、数据、网络和资源协同等能力域，提供城市智能中枢运行和管理相关基础资源。

算力能力是指处理和分析大规模数据的计算能力，它决定了城市智能中枢可以处理的数据量、计算复杂度和响应速度。算法能力是指运用算法进行数据分析、模式识别、预测、优化等任务的能力。算法能力是城市智能中枢实现智能化决策和优化的关键要素之一。数据能力是指获取、存储、整合、管理及使用数据的能力，通过构建数据资源、实施数据治理和提供数据服务，为城市智能中枢提供可靠的基础数据支持，发挥数据要素的价值。网络能力是指通过网络进行全局调度、算力联通和数据传输的能力，以实现城市智能中枢的算力统一度量、弹性编排，构建高可用性、高可靠性网络。资源协同能力是指将算力、算法、数据等资源进行协同化使用的能力，通过制订建设方案、建立协同机构和协同方案等措施，为城市智能中枢提供资源支持和组织保障。

2. 应用服务支撑能力

应用服务支撑能力包括人工智能支撑、业务支撑、人机交互和开放能力等能力域，支撑实现城市智能中枢各类智能化应用和服务。

人工智能支撑能力是指应用人工智能技术支持城市管理和决策的能力。人工智能在城市智能中枢中的应用可以提高数据分析、预测、优化和决策等方面的智能化水平，从而实现更加高效、可持续和智能化的城市管理。业务支撑能力是指应用服务支撑体系在城市管理和决策过程中的能力，以支撑各类业务流程的高效执行和管理。人机交互能力是指面向城市智能中枢提供用户与系统和平台的交互能力，实现终端、系统、场景间的多向互动，支撑应用可视化需求的满足。开放能力是指应用服务支撑体系的开放性和可扩展性。开放能力使城市智能中枢各平台能够更好地与第三方应用、数据提供商及城市居民、企业等利益相关方协同工作，推动数字化转型和创新。

3. 保障能力

保障能力包括安全、运维和运营等能力域，为城市智能中枢的安全运行和管理提供保障，支撑城市智能中枢体系化运维和长效化运营。

安全能力是指为保障城市智能中枢正常运行，在安全管理体系、安全技术、数据安全方面所构建的人员安全管理、供应链安全、网络安全防护、人工智能安全、数据分类分级、数据安全监测等安全保障能力。运维能力是指面向城市智能中枢的设备设施、系统平台、应用等，明确运维所需的架构体系、组织机制、手段方法，实现可执行、主动响应、快速便捷的一体化运维。运营能力是指针对城市智能中枢的平台、数据，构建运营组织，明确运营要求和内容，形成全领域、全流程的运营能力。

7.3.3 城市智能中枢数据治理要求

7.3.3.1 基本情况介绍

2024 年 1 月 11 日，中国电子工业标准化技术协会下达了《关于公布 2024 年第一批团体标准制修订项目的通知》(中电标通〔2024〕001 号)。根据该通知，团体标准制订计划《城市智能中枢　数据治理要求》正式下达，项目计划号为 CESA-2024-003。该标准项目由中国电子工业标准化技术协会归口，由全国信标委智慧城市标准工作组组织研制。

此外，依据该标准同步申报的国家标准立项建议于 2024 年 4 月 25 日正式下达，根据国家标准委《关于下达 2024 年第二批国家标准制修订计划的通知》，国家标准

《智慧城市　城市智能中枢　数据治理要求》制订计划下达，项目计划号为 20240864-T-469。该项目由全国信息技术标准化技术委员会提出并归口，后续由全国信标委智慧城市标准工作组同步推进国家标准、团体标准的研制进程。

7.3.3.2　编制背景及意义

随着城市大脑在各地市的普遍开展，城市数据资源的汇聚、整合与开发成为城市大脑建设这一系统工程中的核心环节。城市大脑按照“集中统一管理、按需共享交换、有序开放竞争、安全风险可控”原则，推动政府、企业等组织的数据资源汇聚互联，加强数据治理，加快建设基础数据库、主题数据库和专题数据库，加强数据资源全生命周期中的安全管理和风险防控。城市大脑使用的城市数据资源来源广泛，数据源类型有结构化、非结构化、半结构化，涉及的政府部门多，技术协调复杂，这些都给数据治理带来了很大的挑战。

制定该标准的目标在于提出适合城市大脑“三融五跨”业务特点的数据治理概念与模型，规范数据治理总体架构及数据采集、数据治理、数据管理和数据安全等，为各地城市智能中枢数据资源治理体系及相关系统平台的规划、设计与建设提供基础性技术规范。

制定该标准的意义在于提高城市大脑数据资源的高效编目和管理能力，汇聚融合城市大脑涉及的各类数据资源，构建城市大脑数据治理体系。数据治理规范不仅规范了数据采集、数据治理、数据管理等方面的技术要求，也提出了支撑数据治理体系的整体架构模型。该标准将有利于政府各部门及社会组织统一数据接口、数据共享和开放服务，构建各地本地化的大数据资源中心，支撑城市各项智慧应用的建设。依照该标准搭建城市公共数据资源治理平台，有利于打造共建、共用、共享的数据调用服务组件，为城市各领域提供基础数据调用服务，也可以通过数据赋能推动治理向基层下沉，减轻基层日常工作负担。

该标准的制定十分必要。目前数据资源已经成为城市数字经济发展的新引擎。由于数据来源日益多样化，城市各部门缺乏统一的数据元素定义，各业务应用系统之间的互联互通都依赖底层数据访问接口的标准化，数据治理问题迫在眉睫。城市大脑参与各方应以数据为对象，在确保数据安全的前提下，建立健全规则体系，理顺参与各方在数据流通各个环节的权责关系，形成多方参与者良性互动、共治共享的数据流通模式，从而最大限度地释放数据价值，推动数据要素治理体系发展，最终实现城市治理现代化，拉动城市数字经济发展。

7.3.3.3 主要内容

《城市智能中枢 数据治理要求》给出了数据治理的通则和参考模型，规定了数据采集、数据治理、数据管理及数据安全等方面的要求，适用于指导城市智能中枢数据资源治理体系及相关系统平台的规划、设计与建设。

城市智能中枢数据治理参考模型如图 7-11 所示。

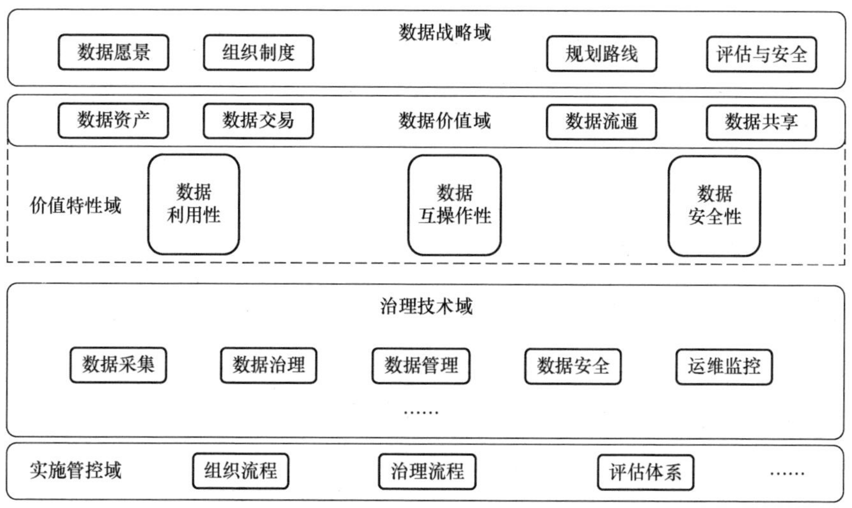

图 7-11 城市智能中枢数据治理参考模型

数据治理参考模型各部分描述如下。

1. 数据战略域

数据战略域位于模型顶层，是城市智能中枢数据治理的全局描述，包括但不限于数据愿景、组织制度、规划路线、评估与安全。其中，数据愿景是城市数据资源管理者对数据资源发展的总体描绘；组织制度是数据治理在战略层面的基本规章和体制保障；规划路线是实现可持续治理的全面长远发展计划和路线图；评估与安全是在战略层面对数据治理的成效和安全保护的总要求。

2. 数据价值域

数据价值域位于数据战略域之下，表示城市智能中枢数据治理以数据价值为核心

驱动力，可持续积累和沉淀城市数据资源与资产。数据价值体现在数据资产、数据交易、数据流通、数据共享等方面。数据价值既包括经济价值，也包括社会价值。

3. 价值特性域

价值特性域是数据价值域的延伸，图 7-11 中的虚线框表示价值特性域依赖数据价值域。价值特性域是支撑数据价值增值、驱动数据治理的核心特性，包括但不限于数据利用性、数据互操作性、数据安全性 3 个垂直特性。其中，数据利用性通过数据可用、有用等维度驱动数据治理；数据互操作性以人与机、机与机之间的数据操作便捷化驱动数据治理；数据安全性以数据满足安全和法规要求驱动数据治理。

4. 治理技术域

治理技术域位于数据价值域之下，描述了实现数据价值所需的数据治理方式和方法，包括但不限于数据采集、数据治理、数据管理、数据安全、运维监控等方面的技术和过程。

5. 实施管控域

实施管控域位于模型底层，表示城市智能中枢数据治理是在数据战略规划下，由数据价值驱动，采用数据治理技术，由组织和人员实施的一系列过程和结果，描述了实施数据治理所需的组织流程、治理流程、评估体系等。

城市大脑数据治理技术框架如图 7-12 所示。

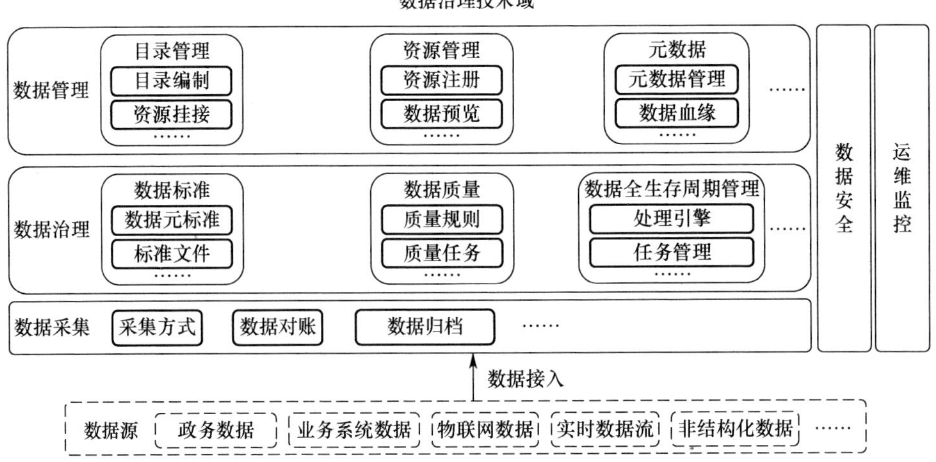

图 7-12　城市大脑数据治理技术框架

城市大脑数据治理技术框架涵盖了数据采集、数据治理、数据管理、数据安全全过程，具体描述如下。

（1）数据采集。从多源采集数据，提供可视化、向导式数据采集任务，通过同构/异构数据源之间批量/增量的数据迁移，实现多源异构数据集成。

（2）数据治理。数据治理集数据的抽取、清洗、转换及加载于一体，通过规范各系统产生的数据，向数据仓库提供可靠的数据，实现跨部门数据整合和多级数据共享。数据治理的内容包括数据标准、数据质量、数据全生命周期管理等。

（3）数据管理。数据管理是指通过对数据进行目录管理，形成统一、规范的数据资产。

（4）数据安全。数据安全提供对隐私数据的加密、脱敏、模糊化处理等多种数据安全管理措施，贯穿数据治理全过程，包括数据脱敏、数据加密、敏感数据识别、数据分级管理等技术。

第8章 城市大脑未来发展展望

8.1 政策趋势分析

8.1.1 城市大脑战略规划与政策体系的构建趋势

城市大脑在战略规划与政策体系构建方面展现出了以下几个明显的趋势。

1. 强调科技创新与应用的深度融合

随着大数据、云计算、人工智能等新一代信息技术的迅猛发展，城市大脑建设日益成为智慧城市建设的核心。国家在政策上鼓励并推动这些前沿技术在城市治理、公共服务、公共安全等领域的广泛应用，以提升城市的智能化水平和运行效率。例如，《关于深化智慧城市发展 推进城市全域数字化转型的指导意见》(发改数据〔2024〕660 号) 提出，加快推动城市建筑、道路桥梁、园林绿地、地下管廊、水利水务、燃气热力、环境卫生等公共设施数字化改造、智能化运营，统筹部署泛在韧性的城市智能感知终端；推动综合能源服务与智慧社区、智慧园区、智慧楼宇等用能场景深度耦合，利用数字技术提升综合能源服务绿色低碳效益。这些都是科技创新在城市大脑建设中的具体体现。

2. 注重城市大脑与智慧城市建设的协同发展

城市大脑作为智慧城市建设的核心，需要与智慧城市的其他领域和系统进行有机衔接和协同。国家在政策上鼓励城市大脑在数据共享、业务协同、服务融合等方面发挥更大的作用，推动城市治理体系和治理能力现代化。同时，强调城市大脑在城市生命线安全保障中的重要作用，通过实时监测、预警和应急响应，提升城市的安全防范能力。

3. 加强政策引导与标准制定

政府在城市大脑建设中发挥着重要的引导和推动作用，通过制定相关政策、标准和规范，为城市大脑建设提供有力的制度保障。同时，鼓励企业和科研机构积极参与城市大脑的技术研发与应用创新，形成政、产、学、研、用一体化的良好生态。

4. 强调城市大脑的可持续发展

在政策体系构建中，注重城市大脑的绿色、低碳、可持续发展，推动其在节能减排、资源循环利用等方面的应用。同时，关注城市大脑的隐私保护和信息安全问题，确保其在合法、合规的前提下运行。

5. 城市大脑战略规划与政策体系的构建需要关注跨部门和跨地区的协作问题

由于城市大脑涉及多个领域和部门，因此需要加强跨部门之间的沟通与协作，确保各项政策和措施能够形成合力。同时，对于不同地区之间的城市大脑建设，需要加强各地区的交流与合作，推动城市大脑在全国范围内的均衡发展。

以上这些趋势将有助于推动城市大脑的持续健康发展，为城市的数字化转型和可持续发展提供有力支撑。

8.1.2 数据治理与隐私保护政策的演进趋势

在城市大脑建设方面，数据治理与隐私保护政策展现出了以下几个演进趋势。这些趋势不仅体现了对数据资源价值的深入挖掘和利用，也体现了对隐私保护的高度重视和强化。

1. 政策将更加强调数据的合规性和安全性

随着大数据技术的快速发展，数据已经成为城市大脑建设的重要基石。因此，政策制定者更加注重数据的采集、存储、处理和使用的合规性，防止数据滥用和泄露。同时，加强数据安全保护，通过技术手段和管理措施确保数据的安全性与完整性。

2. 隐私保护成为政策制定的重要考量

在推进城市大脑建设的过程中，政策制定者越来越认识到隐私保护的重要性。因此，在政策制定中，不仅明确了个人隐私权益的保障，还规定了隐私权的技术保障措施，如数据脱敏、数据加密等技术的应用。这些措施旨在平衡数据利用和隐私保护之间的关系，确保个人数据的安全和合法使用。

3. 政策将推动数据治理体系的完善

随着城市大脑建设的深入推进，数据治理体系不断完善。政策制定者通过制定相关法规和标准，明确数据治理的目标、原则和方法，推动数据资源的共享和开放。同时，加强数据质量的监管，确保数据的准确性和可靠性。

4. 政策将注重与国际接轨和合作

在全球化的背景下，数据治理和隐私保护已经成为国际社会共同关注的问题。因此，我国政策制定者将积极参与国际合作和交流，借鉴国际先进经验和技术手段，推动数据治理和隐私保护政策的国际化。

以上这些趋势将有助于推动城市大脑的健康发展，为智慧城市的建设提供有力支撑。

8.1.3 投资和扶持政策的加强与优化趋势

在城市大脑建设方面，投资和扶持政策的加强与优化展现出了以下几个明显的趋势。这些趋势不仅体现了国家对城市大脑建设的高度重视，也展示了政策制定者对推动智慧城市发展的坚定决心。

1. 投资规模将持续扩大，政策扶持力度不断加大

政府通过设立专项资金、引导社会资本投入等方式，加大对城市大脑建设的投资力度。同时，各级政府在制定智慧城市发展规划时，都将城市大脑作为重要内容，明确建设目标和任务，并提供相应的政策扶持。

2. 政策导向将更加明确，注重发挥市场机制的作用

政府在加强城市大脑建设的同时，将更加注重发挥市场机制的作用，鼓励企业和社会资本积极参与。政策上，通过税收优惠、资金补贴等方式，降低企业参与城市大脑建设的成本和风险，激发市场活力。

3. 政策强调创新引领，推动城市大脑技术创新和应用

政府鼓励科研机构、高校和企业加强合作，共同开展城市大脑技术研究和应用创新。同时，通过建设示范项目、推广优秀实践经验等方式，推动城市大脑技术在各领域的广泛应用。

4. 政策注重加强人才培养和引进

城市大脑建设需要高素质的人才支撑，政府通过设立人才培养计划、引进海外人才等方式，加强城市大脑领域的人才队伍建设。

目前在城市大脑建设方面的投资和扶持政策加强与优化趋势明显，这不仅有助于加快城市大脑的建设步伐，也为智慧城市建设提供了有力的政策保障。未来，随着技术的不断进步和应用的不断深化，相信这些政策将得到进一步完善和优化，为城市大脑的可持续发展提供更强大的动力。

8.2 技术趋势展望

8.2.1 人工智能技术的深度融合与创新应用趋势

智慧城市是一个开放复杂巨系统，它具有复杂系统的共同特征：复杂性、随机性、结构性、自组织性。相关问题的解决依赖算法、数据、算力，其中算法是核心，数据是关键，算力是基础。如果说数据是当前数字经济时代的新生产要素，那么算法将是未来智能经济时代的新生产要素。

1. 多模态大模型的发展

城市大脑需要处理的数据不仅限于文本，还包括图像、视频、音频等多模态数据。因此，多模态大模型的发展成为一个重要的趋势。这类模型可以同时处理和分析多种类型的数据，提供更全面、准确的信息。例如，通过结合视觉模型和语言模型，人工智能可以实现对城市街景的自动识别和描述，为城市规划和管理提供便利。

2. 自然语言处理技术的发展

自然语言处理技术的进一步发展使人工智能能够更好地理解和处理人类语言，从而在城市大脑领域发挥更大的作用。例如，通过自然语言处理技术，城市大脑可以自动解析市民的咨询和投诉，快速提供解答和解决方案，提高市民的满意度。

3. 强化学习与决策支持系统的发展

强化学习使 AI 系统能够在与环境的交互中学习和优化决策策略。在城市大脑中，强化学习可以用于优化交通流控制、能源管理、公共安全等领域的决策，提高城市运营的效率和质量。

4. 生成式对抗网络的发展

生成式对抗网络可以生成高度逼真的图像和视频，这在城市大脑的仿真和预测方面有着巨大的应用潜力。例如，通过生成式对抗网络生成的城市交通流量模拟数据，帮助城市规划者更好地预测和规划未来的交通布局。

未来在城市大脑领域，人工智能技术的应用将更加广泛和深入，为城市的智能化管理和发展提供强有力的支持。

8.2.2 大数据技术的实时处理与智能分析趋势

大数据技术将更加注重数据的实时性、安全性和隐私保护，同时增强对多元异构数据的处理和分析能力。

1. 实时数据处理能力

实时数据处理能力将成为大数据技术的关键。随着物联网设备的普及和传感器技术的不断发展，各种实时数据将不断涌现。为了满足实时决策和响应的需求，大数据技术需要具备更强大的实时数据处理能力，能够在短时间内完成数据的采集、传输、存储和分析，为人工智能系统提供及时、准确的数据支持。

2. 智能分析能力

智能分析能力将成为大数据技术的核心竞争力。随着人工智能算法的不断优化和机器学习技术的不断发展，大数据技术将更加注重对数据的深度挖掘和分析，以发现数据中的潜在价值和规律。智能分析能力将帮助人工智能系统更好地理解数据、识别模式并做出预测，从而支持更高级别的决策和应用。

在城市大脑的应用趋势方面，数据要素交易与结算技术将发挥重要作用。随着城市大脑的不断发展，其对数据的需求将越来越大，数据要素交易将成为城市大脑获取数据的重要途径。同时，城市大脑需要通过高效、安全的结算技术保障数据交易的顺利进行。

8.2.3 物联网技术的广泛覆盖与智能感知趋势

物联网是城市大脑重要的信息基础设施。其利用信息传感设备，按照约定的协议，将任何物体与网络相连接，进行信息交换和通信，以实现智能化识别、定位、跟踪、监管等功能。物联网技术被广泛应用于各个领域，如智能交通、智能安防、智能环保等，帮助城市实现更高效、更便捷的管理和服务。未来，更广泛的设备连接和更高效的通信协议将是物联网技术发展的重要方向。随着物联网设备的数量不断增加，如何实现设备间的无缝连接和高效通信将变得至关重要。新的通信协议和标准的出现将使物联网设备在更低的功耗和更高的效率下运行，进一步推动物联网技术的普及和应用。物联网与人工智能的深度融合也将是未来城市大脑在技术领域的重要发展趋势。通过结合人工智能和大数据技术，物联网技术将能够实现更智能的决策、更精准的分析和更高效的运营，为各个领域的发展带来更多的创新机会。

实现可持续发展和绿色物联网也将成为物联网技术发展的重要趋势。随着全球对环境保护和可持续发展关注度的不断提升，物联网技术将更多地应用于能源管理、废物处理等领域，通过优化能源消耗和减少浪费，促进绿色和可持续的生活方式的形成。

8.2.4 云计算和边缘计算的协同优化与高效运行趋势

云计算和边缘计算将实现更紧密的协同。云计算作为中心化的数据处理和存储中心，具备强大的计算能力和丰富的资源。而边缘计算位于网络边缘，能够实时处理和分析大量数据，具有低延迟和高带宽的优势。云计算与边缘计算协同工作，可以实现数据的分层处理和优化，提高数据处理效率和响应速度。

1. 协同优化

协同优化将成为城市大脑运行的关键。在城市大脑中，云计算和边缘计算需要共同应对复杂的数据处理与分析任务。协同优化技术可以实现计算任务的合理分配和资源的动态调度，确保计算任务能够在最佳的位置执行，从而提高整体性能和效率。

2. 高效运行

高效运行也是未来城市大脑发展的重要趋势。通过优化算法和模型，提高云计算和边缘计算的运行效率，降低能耗和成本。同时，通过智能调度和管理，确保城市大脑系统的稳定性和可靠性，提高系统的可用性和容错能力。

随着技术的不断进步，云计算和边缘计算在城市大脑领域的应用将不断拓展与深化。例如，在智能交通系统中，云计算和边缘计算的结合应用极大地提升了交通管理的效率与智能化水平。智能交通系统产生的海量数据（如车辆行驶轨迹、交通流量、路况信息等）被实时传输到云端。云计算平台凭借其强大的数据存储和处理能力，能够对这些数据进行集中存储和深度分析，为城市交通规划、拥堵预测、事故预警等提供全面的数据支持。云计算平台还促进了不同交通系统（如公交、地铁、出租车等）之间的数据共享和协同工作，实现了交通资源的优化配置和高效利用。在智能交通系统的边缘节点（如交通信号灯、摄像头、车载终端等），边缘计算技术能够实时处理与分析来自传感器和车辆的数据，无须将数据回传到云端，从而大幅降低数据传输延迟，提高系统的实时响应能力。基于边缘计算的分析结果，交通信号灯可以实时调整信号配时，以缓解交通拥堵；车载终端可以实时提供路况信息和导航建议，帮助驾驶员选择最佳行驶路线；摄像头则可以实时监测交通违法行为，并及时发送警报信息。

未来，云计算和边缘计算的协同优化与高效运行趋势将推动城市大脑的智能化发展，为城市的可持续发展提供有力支持。

8.3 产业趋势预测

8.3.1 城市大脑产业链的构建与完善趋势

城市大脑产业的重要性体现在多个方面。它是推动城市大脑技术与应用发展的关键环节。城市大脑作为城市智能化发展的核心引擎，其技术与应用的发展离不开产业链的支撑。一个完善的城市大脑产业链能够提供丰富的技术、产品和服务，为城市大脑的构建和运营提供有力保障。

城市大脑产业链的发展有助于促进相关产业的融合与创新。城市大脑涉及云计算、大数据、物联网、人工智能等多个领域，这些领域的产业链之间需要进行深度融合，以形成完整的城市大脑产业生态。通过产业链的协同发展，推动相关产业的技术创新和产业升级，为城市大脑的可持续发展提供源源不断的动力。

城市大脑产业链的构建与完善还有助于提升城市的综合竞争力。一个健全的城市大脑产业链能够吸引更多的优秀人才、资本和技术资源，巩固城市在智能化领域的领先地位。同时，城市大脑的应用能够提升城市治理水平、公共服务质量和居民生活品质，进一步增强城市的综合竞争力。

关于城市大脑产业链的构建与完善趋势，未来可能会表现在以下几个方面。

1. 加强核心技术研发与创新

城市大脑产业链需要持续投入研发力量，加强在云计算、大数据、人工智能等领域的核心技术突破，形成具有自主知识产权的技术体系，为城市大脑的发展提供强大的技术支撑。

2. 推动产业链上下游企业的深度合作

城市大脑产业链中的各个环节需要紧密配合，形成高效协同的产业生态。通过加强上下游企业之间的合作与交流，推动产业链的深度融合，提升整个产业链的竞争力。

3. 拓展城市大脑的应用场景

随着城市大脑技术的不断发展，其应用场景将不断拓展。未来，城市大脑将更多地应用于城市管理、交通出行、公共安全、环境保护等领域，为城市的可持续发展提供更加全面的支持。

4. 加强政策引导与产业扶持

政府在城市大脑产业链的发展中扮演着重要角色。未来，政府可能会出台更多支持城市大脑产业发展的政策措施，包括资金扶持、税收优惠、人才培养等方面，为城市大脑产业链的健康发展提供有力保障。

城市大脑产业链的重要性不言而喻，其构建与完善趋势也将随着技术的不断进步和应用场景的不断拓展而持续增强。

8.3.2 新兴产业、未来产业的崛起与融合趋势

传统产业、战略性新兴产业与未来产业之间形成了相互促进、共同发展的关系。以传统产业为基础，战略性新兴产业为引领，未来产业为导向，三者共同构成了经济发展的产业体系。在这个体系中，各个产业之间相互依存、相互渗透，共同推动着经济的持续发展和提升。战略性新兴产业包括新一代信息技术产业、高端装备制造产业、新材料产业、生物产业、新能源汽车产业、新能源产业、节能环保产业、数字创意产业、相关服务业等。未来产业包含元宇宙、脑机接口、量子信息、人形机器人、生成式人工智能、生物制造、未来显示、未来网络、新型储能等。

战略性新兴产业和未来产业在城市大脑领域的应用融合趋势主要体现在以下几个方面。

1. 技术融合与集成创新将成为主导趋势

战略性新兴产业和未来产业所涵盖的新一代信息技术、高端装备制造、新材料、生物产业等领域将在城市大脑建设中实现深度融合。例如，利用人工智能和大数据技术优化城市大脑的决策系统，通过物联网和边缘计算实现城市基础设施的智能互联与实时监控。这种技术的融合与集成创新将极大地提升城市大脑的智能化水平。

2. 跨领域协同与数据共享将成为重要方向

城市大脑的建设涉及多个领域和行业，需要实现跨领域的数据共享和业务协同。战略性新兴产业和未来产业中的各领域将共同构建开放的数据共享平台，实现城市运行数据的实时采集、整合和分析，为城市大脑的决策提供全面、准确的数据支持。

3. 智慧化城市管理与服务将成为主要应用场景

通过在城市大脑中应用战略性新兴产业和未来产业领域的技术，如智能交通、智能安防、智能环保等，实现城市管理的智慧化升级。同时，这些技术可以应用于公共服务领域，如智慧医疗、智慧教育等，以提升城市居民的生活品质。

4. 可持续发展与绿色低碳将成为重要考量

在推动城市大脑建设的过程中，战略性新兴产业和未来产业将注重可持续发展与绿色低碳的理念。通过应用节能环保技术、新能源技术等，降低城市运行的能耗和排放，推动城市的绿色可持续发展。

战略性新兴产业和未来产业在城市大脑领域的应用融合将呈现出技术融合与集成创新、跨领域协同与数据共享、智慧化城市管理与服务、可持续发展与绿色低碳等趋势。这些趋势将共同推动城市大脑的建设和发展，为城市的智能化、绿色化和可持续发展提供有力支持。

8.3.3 产业生态的协同发展与共赢模式趋势

城市大脑产业生态是推动城市智能化、精细化管理的关键。通过构建完善的产业生态，整合各类技术和资源，为城市管理者提供全方位、高效的城市治理解决方案。这有助于提升城市管理的效率和质量，推动城市治理向智能化、精细化方向发展。在城市大脑领域，产业生态的协同发展与共赢模式趋势主要体现在以下几个方面。

1. 产业链深度融合将成为核心趋势

在城市大脑的建设和运营过程中，各个环节的产业将实现深度融合。例如，数据收集、处理和分析等环节将紧密衔接，形成高效的数据流。硬件制造、软件开发、系统集成等领域也将实现更紧密的合作，共同推动城市大脑的性能提升和功能完善。跨领域合作与资源共享将成为重要模式。城市大脑涉及众多领域，包括交通、医疗、教育、能源等。不同领域的产业将加强合作，共同开发适用于城市大脑的解决方案。同时，产业间将实现资源共享，包括数据资源、技术资源、人才资源等，以提高资源的利用效率。

2. 平台化运营与生态共建将成为重要趋势

城市大脑的建设和运营将更加注重平台的搭建与生态的培育。通过建设开放的平台，吸引各类产业参与城市大脑的建设和运营，形成良性的生态循环。同时，产业间将共同制定标准和规范，推动城市大脑产业的健康发展。

3. 创新驱动与持续升级将成为关键动力

在城市大脑领域，产业生态将注重创新驱动，通过不断的技术创新、模式创新推动城市大脑的发展。同时，产业生态将实现持续升级，根据城市发展的需求和趋势，不断优化和完善城市大脑的功能与性能。

未来城市大脑领域的产业生态将实现深度融合、跨领域合作、平台化运营及创新驱动升级，共同推动城市大脑的协同发展与共赢模式的形成。这将有助于提升城市大脑的性能和效率，为城市的智能化发展提供有力支撑。

8.4 跨领域融合与创新

8.4.1 城市大脑与其他智能系统的互联互通

城市大脑在智慧城市架构中扮演着核心角色，其与其他智能系统的互联互通是实现城市管理高度集成化和智能化的关键。在未来发展中，城市大脑的互联互通并不局限于单一城市内部的系统整合，而是将拓展到区域乃至全球范围内的智能系统联动，实现数据、资源和服务的无缝对接。这种广泛的连接将依托先进的通信技术，如5G/5G-A、6G、IPv6+和物联网等。这些技术的应用将极大地提升数据传输的速度与可靠性，保证实时数据流的高效处理与分析。

具体来说，城市大脑与交通管理系统、环境监控系统、公共安全系统等多个智能子系统的深度融合，将形成一个综合的、动态的城市运行图景。例如，城市大脑可以通过实时接收交通监控系统的数据优化交通流量、缓解交通拥堵，同时结合环境监测系统的空气质量数据，制定更加精准的环境保护措施。此外，当发生紧急情况时，城市大脑可以与公共安全系统联动，迅速进行响应和资源调配，如调整交通流向以便快速疏散人群，或者优先确保关键区域的安全。

城市大脑进一步的互联互通还包括与市政设施、能源管理系统、健康医疗系统等的整合。在这一过程中，城市大脑将通过智能分析预测城市需求和潜在问题，及时调整能源供应，优化医疗资源分配，提升市政服务的效率和质量。例如，通过分析消费者的用电模式和历史数据，城市大脑可以协助电网调整电力分配策略，减少浪费并预防供电紧张的情况。同时，通过实时监控医疗健康数据，城市大脑可以在疫情暴发初期就做出快速反应，有效控制病毒的传播。

此外，随着技术的不断进步，城市大脑与人工智能、机器学习、边缘计算等先进技术的结合将更加紧密。这不仅能够提高数据处理的速度和智能化水平，也能够使城市大脑的功能更加强大，为城市管理者提供更复杂的决策支持。例如，利用机器学习模型，城市大脑可以根据历史数据预测未来的城市发展趋势，为城市规划和发展提供科学依据。

最终，随着国际合作的加强，城市大脑的互联互通将扩展到全球范围内，形成跨国甚至跨洲的智能城市网络。这将促使各城市间分享成功经验，共同应对全球性挑战，如气候变化、大规模流行病等。在这一全球网络中，城市大脑的作用将不仅限于单一城市的智能化管理，更将成为推动全球城市可持续发展的重要力量。

城市大脑与其他智能系统的互联互通是推动城市实现智能化、高效化管理的关键，未来这种互联互通将在更大的范围内、更深的层次上、更高的水平上实现，推动全球智慧城市的发展进入一个新的阶段。

8.4.2 数字经济与数字社会的协同发展趋势

城市大脑的发展研究对数字经济与数字社会的协同发展起到了至关重要的作用，随着技术的不断进步和全球数据量的爆炸性增长，预计这种影响将进一步深化。城市大脑通过集成和分析大量数据，为城市管理和商业活动提供实时智能决策支持，从而促进经济效率和社会福祉的提升。具体而言，数字经济的推动主要依赖城市大脑在促进产业升级、优化企业运营、创新商业模式及提升城市竞争力方面的作用。例如，通过分析实时流动的经济数据，城市大脑可以帮助企业预测市场趋势，优化供应链管理，同时为政府提供宏观经济调控的决策支持，如通过智能算法推荐最佳财政政策和公共投资计划。

在数字社会方面，城市大脑通过改善公共服务和基础设施运营，增强城市安全监控，优化交通和环境管理等功能，显著提升居民的生活质量和城市的可持续发展能力。例如，通过对健康医疗数据的分析，城市大脑可以在疫情防控中实时追踪病毒传播路径，优化医疗资源分配；在教育领域，利用人工智能进行个性化教学，有助于提升教育质量和学生学习效果。更重要的是，城市大脑在处理和分析城市运行中的大数据时，还强调跨部门、跨行业的数据整合，使不同领域的政策制定和服务提供能够相互配合、相互支持，从而形成一个高效、协调、持续发展的城市生态系统。

未来，随着云计算、物联网、边缘计算等技术的不断成熟与应用，城市大脑的功能将更加强大，处理速度将更快，精确度将更高。这将使数字经济与数字社会的融合发展趋势更加显著，城市大脑将在更大范围内、更多层次上推动经济增长与社会进步。同时，随着技术的发展，城市大脑的安全防护和隐私保护能力也将得到增强，确保在提升城市智能化水平的同时，保护好每个市民的个人数据不受侵害。

综上所述，城市大脑将成为驱动智慧城市未来发展的核心力量，通过数字经济与数字社会的深度融合，为城市带来更全面、更持久的繁荣。

8.4.3 跨界合作与创新模式发展趋势

城市大脑作为智慧城市发展的核心技术平台，其跨界合作与创新模式的发展趋势展现出了未来城市管理和服务的全新可能性。随着大数据、云计算、物联网和人工智能等技术的不断进步与融合，城市大脑能够更深入地整合来自不同领域的信息与资源，实现更高效的城市运营管理。在技术的推动下，城市大脑正在逐步构建一个多层次、多功能的智能化平台，不仅涵盖传统的城市管理领域，如交通控制、公共安全、环境监测，也逐渐扩展到能源管理、健康医疗、教育等社会生活领域。这种跨领域的融合促进了技术与行业应用的创新。例如，通过机器学习和人工智能对城市交通流量进行预测与调控；通过物联网技术实现对城市能源系统的实时监控和优化。

跨界合作的模式也在持续创新。城市大脑通过开放的应用程序接口、共享的数据平台等方式，与更多的技术供应商、研究机构、政府部门及公众交互和合作。这不仅促进了信息共享和知识转移，也推动了公私合作模式的发展，激发了城市管理和服务创新的新动力。例如，多个城市的城市大脑平台可以通过云计算技术共享交通管理和空气质量监测数据，共同优化交通布局和环保政策。此外，城市大脑的发展越来越注重用户体验和居民参与，通过移动应用、社交媒体等工具收集居民反馈，实时调整服务策略，提升城市服务的质量和效率。

在未来的发展中，城市大脑将进一步强化其作为数据驱动的决策支持系统的角色，利用先进的数据分析技术，如预测分析和情感分析，对城市各种潜在的社会经济活动进行模拟和预测，帮助决策者进行科学决策。同时，随着全球城市化进程的加速，国际合作在城市大脑的发展中扮演越来越重要的角色。通过国际合作项目，不同国家和城市的城市大脑可以共享经验、技术、资源，共同应对全球性挑战，如气候变化、公共卫生危机等。此外，随着 5G、边缘计算等新技术的应用，城市大脑的实时数据处理和响应能力将得到极大的提升，使城市管理更加灵活和高效。

城市大脑的跨界合作与创新模式发展趋势显示，未来的城市大脑将是一个综合性的智能系统，它通过高度的技术整合和跨领域的合作网络，不断提升城市的智能化管理和服务水平，推动智慧城市的全面发展，使城市变得更加宜居、高效和可持续。

8.5 未来挑战与对策建议

8.5.1 技术安全和隐私保护面临的挑战与对策建议

城市大脑的发展与应用在显著提升城市管理和服务效率的同时，也面临重大的技术安全与隐私保护挑战。随着城市大脑在数据收集、处理与分析方面功能的增强，如何确保这些大量敏感数据的安全，防止数据泄露、滥用或被攻击，成为亟待解决的问题。

1. 数据安全

数据安全问题不仅涉及技术层面的攻防，还涉及数据管理的法规与标准。对策建议包括建立健全的数据安全管理体系，制定严格的数据安全政策，以及实施细致的权限控制和访问管理，确保只有授权用户才能访问敏感信息。同时，采用先进的加密技术对数据进行保护，确保数据在传输和存储过程中的安全。

2. 隐私保护

隐私保护是城市大脑面临的另一个关键挑战。城市大脑通过各种传感器和设备收集个人信息与行为数据，若处理不当，极易侵犯个人隐私。因此，必须在系统设计之初就引入隐私保护的理念，采用隐私保护设计的方法论，确保隐私保护措施贯穿数据生命周期的每个阶段。此外，实施数据最小化原则，仅收集实现功能所必需的数据，以及利用数据脱敏技术，将个人信息进行匿名化处理，以减少隐私泄露的风险。

3. 对抗网络攻击

对抗网络攻击也是城市大脑必须应对的重要挑战。随着城市大脑系统越来越依赖互联网和其他开放网络，城市大脑越来越容易受到各种网络安全威胁的影响，如分布式拒绝服务攻击、恶意软件感染等。为此，建议城市大脑采用多层防御策略，包括但不限于部署先进的入侵检测和防御系统、定期进行安全漏洞评估、及时进行补丁更新、加强网络流量的监控和管理。

4. AI 决策的透明性和可解释性

随着人工智能技术在城市大脑中的广泛应用，如何确保 AI 决策的透明性和可解释性，也是城市大脑在未来发展中需要解决的一个重要问题。为此，可以考虑引入 AI 伦理指南和标准，建立评估和监督机制，确保 AI 系统的决策过程公正、透明，并对可能的偏见和错误进行纠正。

面对城市大脑在技术安全与隐私保护方面的挑战，需要从技术、管理和法规多个层面入手，采取综合性的策略和措施，以确保城市大脑的健康可持续发展，同时保护市民的基本权利和社会的公共利益。

8.5.2 标准化和互操作性的推进与实施趋势

城市大脑的标准化和互操作性的推进与实施是确保系统有效运行及广泛应用的基础。面对来自不同厂商和领域的技术解决方案，在标准化方面面临的挑战主要体现为如何建立一套共同的技术标准和协议，使不同系统和设备之间能够无缝连接与交互。对策建议包括加强行业内外部的合作，通过政府主导与行业协会的共同努力，制定一系列关于数据格式、通信接口、安全协议等的标准。这不仅有助于降低技术整合的复杂性，还能提高系统的扩展性和灵活性。

此外，推动互操作性的实施是一项复杂的技术与管理挑战，需要在保障系统安全性的前提下，实现数据和服务的互联互通。这要求城市大脑平台不仅支持各种现有的行业标准，还要适应未来技术的发展。对策建议包括采用开放架构设计、支持模块化部署，以及利用中间件技术来提高不同系统之间的兼容性。同时，建立全面的测试和认证机制，确保所有接入系统都符合既定的标准和要求。

标准化工作还需要考虑不同地区的法律法规和市场需求的差异，制定灵活多样的实施策略。例如，在数据保护和隐私保护方面，应遵循各国家或地区的相关法律法规，设计符合当地政策的数据管理和保护措施。对策建议包括与国际标准化组织合作，参与全球标准的制定，同时加强国内外政策的研究和对话，以确保标准化策略的全球适应性和先进性。

为了有效提升城市大脑的标准化与互操作性，还需要建立一个持续的技术更新和策略调整机制。随着技术的迅速发展，新的问题和需求不断出现，标准化框架应该具备适应新变化的能力。对策建议包括设立专门的标准化委员会，负责监测技术发展趋势，定期更新标准，并提供技术支持和培训，帮助各方理解和应用这些标准。

城市大脑的标准化与互操作性推进是一项涉及技术、政策、法律和市场等多方面的综合工程。通过建立统一的标准体系、支持开放的架构设计，以及与全球标准同步，有效推动城市大脑的广泛应用和持续发展，最终实现智慧城市的全面互联互通和智能化管理。

8.5.3 投资和运营模式的创新与优化趋势

随着城市大脑技术的持续发展和应用深化，其在投资和运营模式方面面临创新与优化的需求。城市大脑的建设和维护需要投入巨额资金，传统的政府资助和财政拨款模式可能无法满足其资金需求的全面性与持续性。因此，探索多元化的融资渠道和创新的商业模式变得尤为关键。一种可行的对策是推广公私合作模式。引入私营部门的资金和技术，不仅可以减轻政府的财政压力，还可以利用私营部门的创新能力和运营效率，提升项目的整体质量和可持续性。例如，通过建立合作平台，让技术供应商、服务运营商、投资者及研究机构等多方参与城市大脑的构建和运营过程。

此外，为了保障投资的回报和项目的长期可行性，可以建立以性能为基础的合作模式。在这种模式下，私营伙伴的收益与项目的运行效果直接挂钩，促使私营部门更注重技术的持续更新和服务质量的改进，而这正是城市大脑项目成功的关键因素之一。同时，利用数据分析和人工智能技术优化运营效率，实现资源的最优配置和成本的有效控制，也是推动城市大脑投资与运营模式创新的重要方向。

在实施层面，鼓励采用灵活的市场化运营策略。例如，通过动态定价机制管理城市服务，或者通过广告、增值服务等方式开辟新的收入来源，为城市大脑的持续运营提供经济支持。此外，考虑到城市大脑涉及的技术和数据的复杂性，建立专业的运营团队和持续的技术支持是确保系统高效运作的必要条件。这包括对运营人员的持续培训及对系统硬件和软件的定期维护与升级。

从长远看，为了应对技术快速迭代和市场需求变化的挑战，城市大脑的投资与运营模式应该具备高度的适应性和灵活性。这意味着必须不断评估和调整运营策略，实施风险管理和应对措施，以应对技术风险、市场风险及政策变动等不确定因素。同时，建立健全的监管框架和透明的市场环境，确保所有利益相关者（包括政府、投资者、服务提供者和公众）都能在城市大脑的建设和运营中获得公平的利益与充分的信息。

城市大脑的投资与运营模式创新是实现其长期发展和效益最大化的关键。通过引入多元化的融资机制、建立以性能为基础的合作模式、优化运营策略，以及不断调整策略以应对市场和技术变化，城市大脑能够更好地服务于城市管理和居民生活，推动

智慧城市的可持续发展。

8.5.4 人才培养与知识更新的重要性及策略

在城市大脑的发展过程中，人才培养与知识更新显得尤为重要，这不仅是因为先进的技术需要有能力的专业人员去操作和维护，更是因为持续的创新和优化依赖人才的思维与能力。随着人工智能、大数据、物联网等技术在城市大脑中的广泛应用，传统的城市管理和服务模式正在发生根本性变化，这要求相关人员不仅具备相应的技术技能，还要了解这些技术背后的政策、法规和社会影响。因此，建立一个系统的人才培养和知识更新体系成为推动城市大脑持续发展的关键因素。

一是高等教育机构和职业培训中心应与城市大脑的发展需求密切结合，开设相关的课程和专业，包括但不限于数据科学、机器学习、网络安全、智能系统设计等。同时，应加强实践教学和项目驱动的学习方法的应用，通过与企业和政府的合作项目，提供真实的工作场景，以提高学生的实际操作能力和问题解决能力。

二是对于在职的专业人员，城市大脑项目应推动持续的职业发展和技能升级培训。可以通过建立在线学习平台、定期举办研讨会和技术交流会，以及与国内外高水平研究机构和企业合作，引进最新的技术和管理知识。这样不仅有助于人才的知识更新，还可以激发人才的创新思维，促进从业人员对新技术的快速接受和应用。

三是鉴于城市大脑的跨学科特点，应该鼓励和培养复合型人才，他们不仅懂技术，还懂管理，能够理解和协调不同领域的需求与挑战。这种人才的培养需要高校、研究机构和企业共同参与，通过交叉学科的课程设置和团队合作项目，培养学生的系统思维和团队协作能力。

为了更好地应对快速变化的技术环境和市场需求，城市大脑的人才培养和知识更新还应包括对软技能的培养，如领导力、沟通能力、伦理判断和社会责任感。这些软技能的培养有助于从业人员在实际工作中更好地与公众和政策制定者沟通，确保技术应用的社会效益最大化，减弱技术带来的负面影响。

最后，为了系统地推动人才培养和知识更新，建议设立专门的组织机构，负责制定长远的人才发展战略，监测人才需求变化，调整培训计划，并评估培训效果。这一机构应成为政府、教育机构、企业和研究机构之间的桥梁，各方应协调资源，共同推动城市大脑人才培养和技术发展的各项工作。

上述措施可以确保城市大脑项目不断适应技术进步和市场变化，培养一支既懂技术又具备高度综合能力的专业队伍，为智慧城市的持续发展提供坚实的人才支持和智力保障。

8.6 总结与展望

8.6.1 未来发展的总体趋势与重要方向

城市大脑未来发展的总体趋势和重要方向预示着智慧城市构想的深化与完善。随着物联网、大数据、云计算和人工智能技术的快速发展，城市大脑的能力不断增强，这些技术的集成应用不仅能够提升城市运营的效率和精确性，还能在更广泛的层面促进城市管理的现代化和智能化。展望未来，城市大脑将更加重视数据的整合能力和分析深度，以支持复杂的决策过程，并在城市治理、公共安全、环境保护、交通管理等多个方面发挥核心作用。

在技术方面，城市大脑将继续深化人工智能的应用，通过机器学习和深度学习等技术提升数据处理的智能化水平，使城市管理更加精准和具有预测性。例如，通过实时数据分析，预测交通流量、优化交通信号控制，从而缓解交通拥堵，提高道路使用效率。同时，物联网的广泛部署将使城市大脑能够实时监测城市的基础设施状态，如水电网状态和建筑安全，实现早期故障预警和快速响应。

在互联互通方面，城市大脑将推动不同系统和服务更好地整合，如将交通管理、公共安全、市政服务等系统的数据和应用平台统一，形成一个互联互通、数据共享的智慧城市网络。这种整合不仅提升了服务效率，也增强了城市的综合管理能力，实现了资源的最优配置。

随着全球化和城市化进程的加快，城市大脑的发展将面向全球视角，加强国际合作，共享智慧城市的经验和解决方案。这种国际视野的拓展有助于应对全球性挑战，如气候变化、公共卫生危机等。通过共享数据和技术，不同的城市可以共同提升应对这些挑战的能力。

此外，隐私保护和数据安全将成为城市大脑发展中不可忽视的重要方面。随着越来越多个人数据和敏感信息的使用，建立严格的数据保护机制和隐私保障措施是必要的。这要求城市大脑在技术和管理层面持续创新，以确保公众的信任和系统的安全性。

最后，人才培养和知识更新也是城市大脑未来发展的关键。只有通过系统的教育和培训，才能不断供应懂得运用和发展新技术的专业人才，支持城市大脑及整个智慧城市项目的持续进步和创新。

综上所述，城市大脑的未来发展将是多方面、多层次的，涉及技术创新、系统整合、国际合作、安全保护和人才支持等多个方向。通过持续的技术创新和全面的战略规划，城市大脑将更有效地促进智慧城市的可持续发展，打造更智能、更绿色、更人性化的城市生活环境。

8.6.2 对政策制定者、产业界与研究者的建议

在城市大脑的发展过程中，政策制定者、产业界与研究者扮演着不同但互补的角色。为了充分发挥城市大脑的潜力并推动智慧城市的全面发展，各方面需要紧密合作，共同探索最佳的发展策略和实践方法。

对于政策制定者，建议着重在制定支持性政策环境和框架上发挥作用。这包括但不限于确立数据共享和数据隐私的法律规范，提供经济激励措施促进技术创新与应用，以及建立跨部门协作的政策机制，确保城市大脑的实施与城市管理的各个方面协同发展。此外，政策制定者应考虑城市大脑技术发展的快速变化，持续更新相关政策，以适应新的技术和市场环境。

对于产业界，建议加强技术研发和创新，不断提升城市大脑的功能和效率。企业应积极参与标准制定，推动行业内技术标准和互操作性框架的建立，这不仅有助于消除技术孤岛，还能增强产品和服务的市场竞争力。同时，企业应通过与政府、研究机构和国际伙伴合作，共享资源和知识，推动全球智慧城市解决方案的创新和实施。此外，企业应重视人才的培养和引进，尤其是在数据科学、人工智能和城市规划等领域，培养能够驾驭复杂系统和挑战的专业人才。

对于研究者，建议深化对城市大脑核心技术的研究，探索其在实际城市环境中的应用效果和潜在问题。研究者应关注城市大脑的长期效益和可能的社会影响，如对城市生活质量、环境可持续性和经济发展的贡献。同时，研究者应促进开放科学和跨学

科合作，通过共享研究成果和方法，加速知识的转移和技术的应用。此外，研究者应与政策制定者和产业界紧密合作，确保将研究成果转化为实际的政策和解决方案，推动城市大脑的实际部署和优化。

政策制定者、产业界与研究者需要在城市大脑的发展过程中发挥各自的优势，通过协调合作，共同推动智慧城市技术的创新与实施。通过制定合适的政策支持，加强技术开发与应用，以及深化理论研究和跨界合作，有效应对城市大脑面临的挑战，最大限度地发挥城市大脑在提升城市管理效率和居民生活质量方面的潜力。

8.6.3 对全球智慧城市建设的启示与期望

城市大脑作为全球智慧城市建设的核心技术集成平台，不仅彰显了信息技术在城市管理中的应用潜力，也为全球范围内的智慧城市建设提供了重要启示。城市大脑通过整合人工智能、大数据、物联网、云计算等先进技术，实现对城市各种资源的高效管理和优化配置，从而提升城市的可持续发展能力和居民的生活质量。面对全球化的挑战和机遇，城市大脑的发展不仅需要创新的技术支持，更需要国际协同合作，以及充分考虑地方特色和实际需求的灵活应用策略。

城市大脑的技术创新应持续推进，包括但不限于提升数据处理的效率和精确性、开发更加智能的算法，以及优化系统的人机交互界面。例如，利用机器学习和人工智能技术，更精准地预测和调节城市交通流；通过深度学习技术对城市安全监控系统进行优化，实现更短的反应时间和更高的准确率。此外，云计算和边缘计算的结合使用能够在处理大规模数据时，实现更高的运算速度和更低的延迟，使城市大脑在处理紧急事件时更加高效可靠。

国际合作是推动城市大脑发展的关键因素。通过国际项目合作、技术标准化的推进，以及经验与数据的共享，不同国家和地区的城市之间可以互相学习，共同进步。例如，欧盟的智慧城市项目涵盖了能源管理、交通优化等多个方面，各成员国通过合作，共同开发适用于不同城市的智慧解决方案。同时，全球智慧城市联盟等组织正在推动全球范围内的政策对话和技术交流，加强了国际社会在智慧城市领域的合作。

考虑到不同地区的经济发展水平和文化背景，城市大脑的应用策略应具有高度的灵活性和适应性。对发展中国家而言，智慧城市的建设不仅要注重技术的进步，更要解决基础设施落后、资金不足等实际问题。在这些地区，城市大脑项目可以优先从公共安全、健康监测等公众最关心的领域着手，逐步扩展到交通、环保等其他功能，确保项目的实用性和有效性。对于较为发达的地区，城市大脑的应用可以更加注重提升生活质量和经济效率。例如，通过智能交通系统减少通勤时间，通过精细化管理能源使用减少环境污染。

城市大脑项目应重视公众参与和意见反馈，确保技术应用的民主性和公正性。通过建立公开透明的信息平台，让市民能够监督智慧城市的建设和运行，参与到城市管理的决策过程中，从而提升项目的社会接受度和满意度。同时，加强对城市大脑系统操作人员的培训，以及对公众智慧城市相关知识的普及，也是保证项目成功实施的重要步骤。

在全球化背景下，城市大脑的发展与合作展望是一个多维度、跨领域的战略议题，它涉及先进技术的应用、国际合作框架的构建及全球城市间的数据共享与策略同步。城市大脑作为智慧城市的智能中枢，其核心在于利用大数据分析、人工智能、物联网等技术集成城市管理的各个方面，从交通、公共安全到环境保护和公共卫生，实现对城市运行状态的全面监控和管理。在全球化视野下，城市大脑的发展重点不仅是提升单个城市的智能化水平，更在于形成国际合作网络，通过技术和经验的互换，共同提升全球城市的智能化管理能力。这包括制定共同的数据交换标准和隐私保护政策，在确保信息安全的同时，促进各城市间的无缝数据流通。

全球化还要求城市大脑能够适应不同国家和地区的法律法规、文化背景及经济发展水平。这意味着城市大脑的设计和实施方案需要具有高度的灵活性与定制化，以满足不同城市的特定需求和挑战。例如，发展中国家可能更关注城市大脑在基础设施自动化和灾害响应方面的应用，而发达国家可能更注重提升能源效率和优化城市规划的智能化水平。国际组织和跨国公司在这一过程中扮演着极其重要的角色，它们不仅提供了技术支持和资金援助，还促进了跨文化交流和创新思维的融合，推动了城市大脑解决方案的全球化、标准化进程。

对于未来的发展方向，城市大脑将更多地依靠云计算平台和开源技术，推广模块化、可插拔的设计理念，使不同的功能模块可以根据需要自由组合，实现快速部署和更新。同时，随着 5G 通信技术的发展和普及，城市大脑的实时数据处理和远程控制能力将得到极大的提升，这将进一步促进城市运营的智能化和自动化。此外，随着全球气候变化问题的加剧，城市大脑在环境监测和可持续发展政策制定中的作用将变得日益重要，如通过智能分析帮助城市实现碳中和目标，或者优化资源配置以减少环境污染。

总体来看，城市大脑作为未来智慧城市建设的关键，其技术的持续创新、国际合作的深化、应用策略的灵活调整，以及公众参与的广泛推广，是推动全球智慧城市成功建设的重要方向。通过这些综合措施的实施，全球的城市将能够更好地应对日益复杂的社会经济挑战，实现可持续发展的长远目标。

第9章 城市大脑最佳实践案例

9.1 浦东城市大脑

9.1.1 背景及意义

2018年，习近平主席在考察上海浦东新区城市运行综合管理中心时提出了“三化三心”的城市治理理念：城市治理是国家治理体系和治理能力现代化的重要内容，一流城市要有一流治理，要注重在科学化、精细化、智能化上下功夫。这对城市管理智能化水平提出了更高的要求。

2022年5月通过的《上海市人民代表大会常务委员会关于进一步促进和保障城市运行“一网统管”建设的决定》指出，上海市推进“一网统管”建设，以“一屏观天下、一网管全城”为目标，坚持科技之智与规则之治、人民之力相结合，构建系统完善的城市运行管理服务体系，实现数字化呈现、智能化管理、智慧化预防，聚焦“高效处置一件事”，做到早发现、早预警、早研判、早处置，不断提升城市治理效能。提升浦东新区城市运行管理智能化应用水平，是新形势下提升浦东新区城市运行管理工作效能的有效途径。

自 2019 年起，浦东城市大脑以应用牵引智能化推进，逐步开发完善了一系列城市大脑智能应用场景。从 2020 年的城市大脑 3.0 开始，引入经济治理、社会治理、城市治理三大治理平台整合理念，持续深化城市“一网统管”应用建设。2022 年 10 月上线的浦东城市大脑 4.0 以智能化、信息化为突破口，通过数字化能力提升、管理流程再造，构建更加完善的城市运行数字体征体系，努力打造态势全面感知、趋势智能预判、资源统筹调度、行动人机协同的城市治理平台。

浦东城市大脑建设历程如图 9-1 所示。

城市大脑1.0	城市大脑2.0	城市大脑3.0	城市大脑4.0
2018年4月，浦东城市大脑1.0正式上线 聚焦城市设施、城市运维、城市环境、城市交通、城市安全、城市执法六大领域，开发完善了渣土车治理、工地监管、群租治理等智能应用场景	2019年10月，浦东城市大脑2.0正式上线 逐步完善智能应用场景，共接入109个单位的341个系统，归集使用数据11.8千万亿字节，部署物联感知设备近4万个，打通了不同部门之间的信息和技术壁垒，促进了实战实用	2020年7月，浦东城市大脑3.0正式上线 纵向构建“1个区城运中心+36个街镇城运分中心+1496个居村联勤联动微平台”，横向打造“专业部门智能管理平台+迭代拓展专项应用场景”，形成智能化应用场景体系 引入经济治理、社会治理、城市治理三大治理平台整合理念	2022年10月，浦东城市大脑4.0正式上线 聚焦全域感知、全数融通、全景赋能、全时响应4方面的内容，构建更加完善的城市运行数字体征体系，打造态势全面感知、趋势智能预判、资源统筹调度、行动人机协同的城市治理平台

从横向部门到纵向区域的精细化、智能化转变

图 9-1 浦东城市大脑建设历程

9.1.2 建设内容

根据上海“一网统管”建设的总体要求，浦东城市大脑 4.0 的建设以“人民城市人民建、人民城市为人民”为重要理念，坚持“联合、即时、协同、智能”的核心特征，坚持“应用为要、管用为王”的价值取向，坚持从解决城市治理突出问题和薄弱环节出发，牢牢抓住智能化的“牛鼻子”，全覆盖构建智能监管应用场景，努力实现“城市治理乱点趋零、安全生产隐患趋零、综合管理应急归零”，进一步推动数字化、智能化治理模式创新，提高城市治理现代化水平。

在建设目标上，浦东城市大脑 4.0 以数据共享为基础，以科技运用为方式，以流程再造为关键，以高效便民为目的。在建设内容上，浦东城市大脑 4.0 着力构建并完善浦

东新区“一网统管”运行体系，丰富应用场景，提升技术支撑能力，努力实现全覆盖、全领域、全过程管理。

建设内容主要涵盖三大部分:一是初步构建全域覆盖的城市运行综合管理新体系；二是全覆盖构建智能监管应用场景，探索打造以城市大脑为核心的智能治理新模式；三是全要素集成数字化治理底座，努力形成城市运行“一网统管”全天候智能监管新格局。

浦东城市大脑 4.0 整体建设情况如图 9-2 所示。

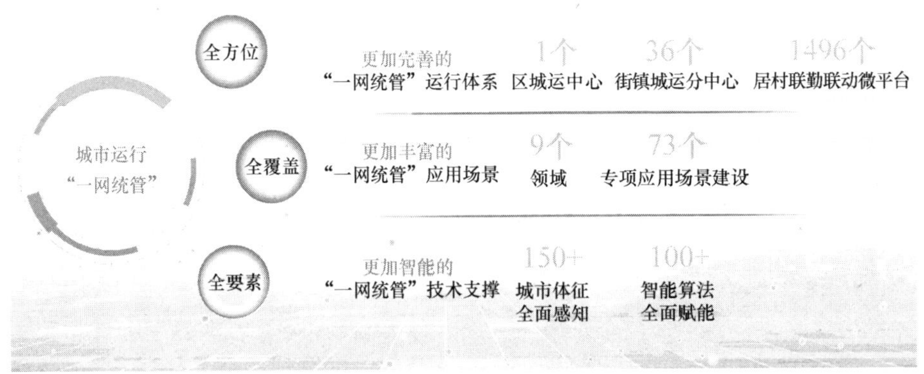

图 9-2 浦东城市大脑 4.0 整体建设情况

1. 管理体系建设

按照“一屏观全域、一网管全城”的目标，横向整合城管执法、规划资源、应急管理、公共安全、建设交通、农业农村、生态环境、市场监管等部门资源，形成指挥统一、协同有力的高效运行模式，全面指挥协调城市运行管理事务；纵向构建“1 个区城运中心+36 个街镇城运分中心+1496 个居村联勤联动微平台”三级城市运行综合管理体系，将工作触角延伸到城市管理第一线和最前沿，努力构建纵向到底、横向到边、全覆盖、无盲区的城市管理体系。

浦东城市大脑 4.0 体系架构如图 9-3 所示。

2. 应用场景建设

浦东城市大脑 4.0 按照日常、专项、应急 3 种状态，聚焦生态环境、农业农村、应急管理、公共安全等 9 个领域，开发了 70 多个专项应用场景，构建了智能监管应用场景体系，以下就城市运行综合管理体系和智能监管应用场景进行简述。

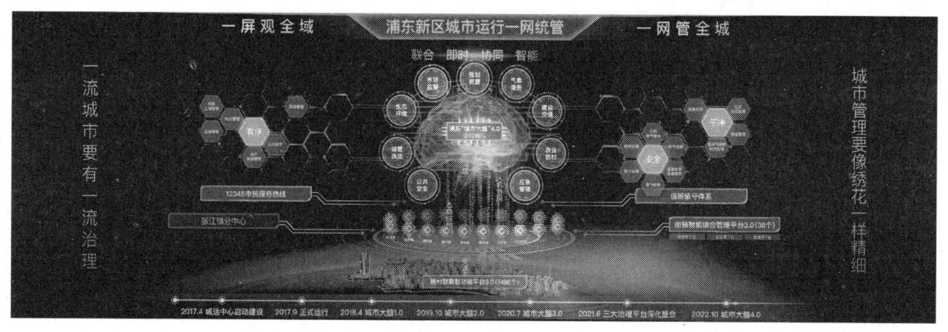

图 9-3　浦东城市大脑 4.0 体系架构

（1）在区级层面，构建区领导作为周轮值值班主任带班轮值管理模式。在平台中设立城运中心指挥长、平台运行值班长、应急联动值班长。集合总值班、应急、120、防汛等部门，与公安、城管、市场监管等 9 个部门组成联席指挥室，协调解决跨部门、跨地域、跨层级的“三跨”疑难问题，负责开展联动处置工作。

（2）在街镇层面，统一部署了 36 个街镇城运分中心，整合街镇物联感知设备，通过全流程管理、统一视频、提供智能算法等技术手段，满足街镇数据汇聚、系统集成、联勤联动等方面的需求。按照体系化建设、标准化运行、智能化应用、模块化操作、动态化监管的要求，平时由区城运中心对街镇城运分中心的日常运行实施专业指导和动态监督。

（3）在居村层面，依托“家门口”服务体系，建立了 1496 个居村联勤联动微平台。这不仅是城市运行“一网统管”三级平台体系在居村一线的延伸覆盖，也是支撑居村联勤联动站工作标准化、协同化、可视化运行的基础赋能载体。在区级层面实现了“一屏观居村”，全面掌握浦东新区每个居村实时的运行状态。

（4）浦东城市大脑 4.0 打造数字体征体系，形成多级协同、数字赋能、联动处置的城市运行数字体征系统，建立科学合理、全面覆盖、各具特色的城市运行数字体征指标，实时动态监测城市安全风险，进一步增强城市安全韧性，实现潜在风险隐患实时感知、动态监测、精准研判、及时预警。

（5）民情民意感知平台。以“聚焦民情民意问题解决，努力提升热线工作水平”为目标，通过呈现每日浦东新区“12345”热线工单的概览数据，更加直观地了解工单分布、发现诉求异常、监控全区绩效、提前介入管理。

（6）AI 视频智慧感知平台。汇聚全区视频监控、无人机、移动客户端等资源，集成 30 余种算法，赋能各个分中心，通过建设 AI 视频智慧感知平台，着力实现对算力算法的综合调度和对视频资源的最大化利用。同时，打造智能算法舱与治理模型库，可识别消防通道占用、小包垃圾等 30 类城市管理问题，将技术应用、流程再造与场景实战深度融合。

（7）神经元智慧感知平台。根据物联感知设备的使用场景将其分为建设交通、生态环境、农业农村、公共安全、应急管理和社区管理 6 个领域、15 种重点监管事项、31 种核心监管要素，共涉及 39 种设备类型。通过对特定场景进行深入的物理模型设计，识别道路积水、公共区域噪声扰民、消防通道占用等问题。

（8）城感通突发事件感知系统。基于全媒体多模态实时数据流，检索网络上公开的社交媒体信息，助力监测预警社会面情况、重大舆情情况、重点事件情况及其他异常情况，及时查找城市运行中的各类风险隐患，为预先预防、及时应对和处置各类事件打下基础。

3. 数字化治理底座建设

整个浦东城市大脑的数字底座涵盖基础设施和网络、数据汇聚及融合治理平台、应用支撑平台等内容。浦东城市大脑 4.0 数据中台系统架构如图 9-4 所示。

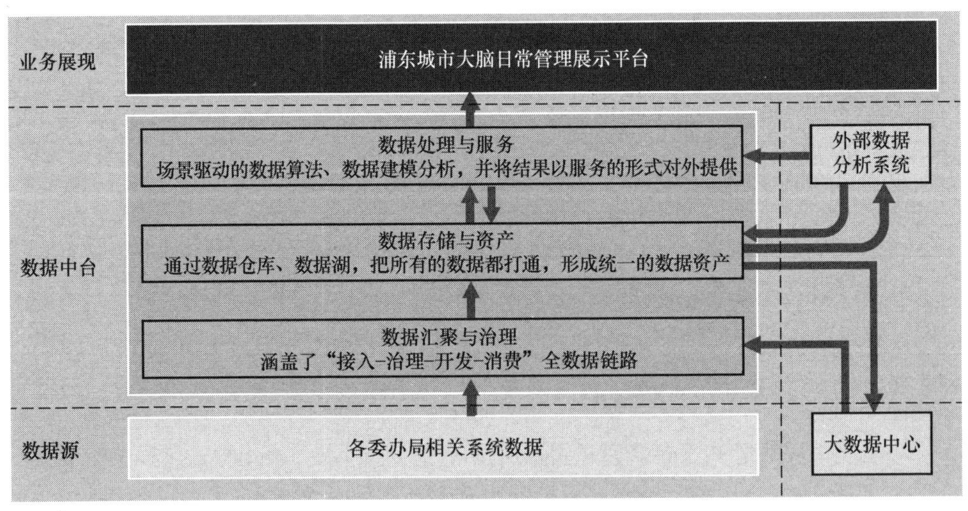

图 9-4　浦东城市大脑 4.0 数据中台系统架构

数据中台汇聚融合政务、行业、社会、感知等多源数据，为应用提供数据支撑；

视频中台对各类视频数据进行汇聚和共享。结合条线应用与综合应用场景需求，对相关数据开展清洗、治理、分析与融合，形成可用于分析研判、预警预测、趋势分析的城市运行数据，构建面向城市运行体征、城市事件、预测预警、生态治理、应急指挥、民生服务等多领域的主体库，以支撑各类场景的应用。

浦东城市大脑的建设涵盖数据的采集、分析、决策和应用等多个方面，全面聚焦全域感知、全数融通、全景赋能、全时响应 4 个方面的内容，通过打造集基础设施、大数据、云计算、物联网、人工智能、共享服务于一体的数字底座，提升数字化能力，再造管理流程，构建更加完善的城市运行数字体征体系，打造态势全面感知、趋势智能预判、资源统筹调度、行动人机协同的城市治理平台，助力城市综合治理的智能化转型。

9.1.3 创新亮点

1. 聚焦全域感知

在率先打造全国首个城市运行体征系统的基础上，浦东城市大脑 4.0 对城市运行体征进行再探索、再升级，首次提出了城市运行体征指数的概念，并开展实践应用。体征指数将浦东城运中心已纳入监管的 150 项城市运行体征数据，按照安全、干净、有序 3 个维度进行分类，并分别进行加权计算，最终综合得出城市运行指数，较为客观、准确地反映了浦东城市运行总体态势。

2. 聚焦全数融通

浦东城市大脑 4.0 重在搭平台、强基础，通过建设、优化、完善城运中心数据中台、视频中台、业务中台及城运数字底座，推动各类多元异构数据汇聚融合，并与时空位置有机联动，为向下实现数据赋能和开展城市计算奠定扎实的基础。

3. 聚焦全景赋能

浦东城市大脑 4.0 依托浦东城运中心视频、物联感知、“12345”市民热线等各类数据的汇聚优势，积极打造 AI 视频、神经元、民情民意、城感通 4 个智慧感知平台，不断推进感知端能力建设，并通过城运三级平台体系实现管理闭环，努力实现城市治理由人力密集型向人机交互型转变，由经验判断型向数据分析型转变，由被动处置型向主动发现型转变。

4. 聚焦全时响应

在全时响应方面，浦东城市大脑 4.0 开展了应急管理部城市风险监测预警平台试点工作。通过试点，浦东将进一步提升城市风险发现能力，完善智能监测预警网络。同时，通过建设城运协同业务线上审核平台，优化完善各类协同事项、预警信息处置规则，努力实现各类事件、信息全闭环管理，进一步提升全时响应能力。

9.1.4 建设成效

浦东城市大脑 4.0 有效集成了各类业务，形成了完整的服务基础信息和城市管理信息，以先进、智能、集约的方式替代过去落后的工作与业务处理方式，工作的可预见性、综合决策能力和协调运营水平大幅提高，为政府进行城市发展建设的科学决策及实施各项精细化、高效化的城市治理与惠民服务提供了必要条件，也为市民体验和参与城市发展与管理提供了渠道，有利于进一步完善城市运行管理平台的技术格局，创新社会管理机制，提升政府城市治理效率和市民服务水平。主要成效包括以下几个方面。

1. 全面整合了各类资源，城运综合管理体系不断深化完善

通过构建“1+36+1496”的城市运行综合管理体系，完善指挥长负责、联席指挥、联勤联动等工作机制，实现高效指挥、联动共管、快速处置、有效治理，深化拓展城市运行综合管理功能。同时，集成共享城市治理领域主要职能部门的数据信息，按照“7×24 小时不间断运行、1210 平方公里全地域监测”的要求，运用城市治理智能化模块，进行全时空的运行状态监测，实现对突发异常情况的智能预警、综合分析、快速响应。

2. 创新运用科技手段，城运综合管理智能化水平不断提升

通过打造浦东城市大脑，建立城运综合信息指挥平台，深入开展城市“智理”探索，以物联为“针”、数联为“线”，运用大数据、云计算、人工智能等信息技术，归集城市运行各部门的系统数据，开发一系列智能应用场景，提升主动发现问题、及时精准处置问题的综合能力。

3. 致力于破解难题顽症，城运综合管理机制不断创新优化

通过业务整合、职能融合、信息共享，建立平急融合机制，发挥城运中心从日常

状态的运行管理迅速转为紧急状态的应急管理；建立领导轮值制度，轮值区领导到区城运中心了解全区城市运行综合管理情况，协调督办“急、难、愁”重大问题；建立联席指挥机制，在区城运中心设置工位，公安分局、城管执法局、市场监管局、建设交通委、规划资源局、生态环境局等单位在区城运中心常驻，专职负责联席指挥工作；建立专项督查机制，联合区委、区政府督查部门，对城市治理重点任务实行“主体监管、社会监督、问题督办、情况通报”。

9.1.5 发展建议

未来，浦东城市大脑的建设将继续聚焦全域感知、全数融通、全景赋能、全时响应的目标，进一步巩固和强化现有浦东城市大脑“区城运中心+街镇城运分中心+居村联勤联动微平台”三级平台体系，推进浦东城市大脑的迭代升级。同时，进一步完善和用好城市运行数字体征体系，更加智能、精准地对城市运行进行分析研判和综合预警，通过 AI 视频智慧感知平台、神经元智慧感知平台、民情民意智慧感知平台建设，全方位赋能区、街镇、居村平台。

此外，浦东城市大脑将推动场景持续深化，聚焦重点区域发展、重点专项工作，推出更多标志性应用场景；进一步加大研发投入力度，强化技术赋能，加快图像识别、云计算、5G、大数据等智能技术与应用场景的深度融合，努力使浦东城市大脑做到实战管用、基层爱用、群众受用。

9.2 泉州市城市管理大脑

9.2.1 背景及意义

城市管理信息化是运用现代信息工程技术和管理技术，整合管理资源、再造管理流程、实现城市管理长效机制的城市管理新形式。城市管理正在经历从数字城管向智慧城管升级的阶段，并最终形成城市管理领域的城市大脑。

针对城市管理事件感知内容不够全面、监管手段不够智能、业务协同不够高效等问题，依据住房和城乡建设部的“一指南四标准”，结合泉州市原有信息化成果，开展泉州市城市管理大脑（城市运行管理服务平台）建设，构建“横向到边、纵向到底”的数据共享及流转体系，充分融合应用人工智能、物联网、区块链等技术，释放数据要素的潜能，融通城市的人、地、事、物、情、组织等多维度数据，促进数据跨部门、跨地区、跨层级的共享、交换、汇聚、融合和深度应用，“以数治城”，打造泉州城市“智治力”。

9.2.2 建设内容

1. 总体架构

泉州市城市管理大脑围绕“7+3+2+1”，打造7个业务系统、3个后端支撑系统、2个基础数字底座、1个大模型，全面汇聚并有效利用数据信息资源，运用物联网、云计算、大数据等技术，感知、监测、分析城市运行的各项关键信息，实现对城市运行的智能研判和对公共资源的调度，提升对各类突发事件、疑难问题的处置能力，构建具有泉州本地特色的“一网统管”管理体系。

泉州市城市管理大脑总体架构如图9-5所示。

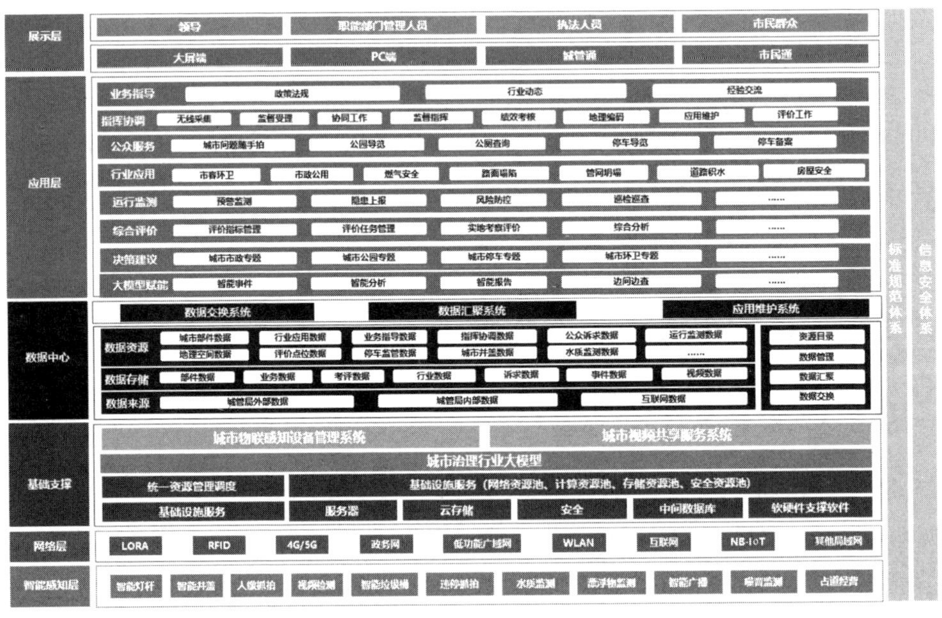

图9-5 泉州市城市管理大脑总体架构

（1）7个业务系统：业务指导、指挥协调、公众服务、行业应用、运行监测、综合评价、决策建议。

（2）3个后端支撑系统：数据交换系统、数据汇聚系统、应用维护系统。

（3）2个基础数字底座：城市物联感知设备管理系统、城市视频共享服务系统。

（4）1个大模型：城市治理行业大模型。

2. 管理体系

1）构建“一委一办一中心（平台）”组织保障

聚焦体制机制创新，构建“一委一办一中心（平台）”组织保障，全力保障平台的高效建设。

（1）一委：城市管理委员会。整合市政公用、园林绿化、市容环卫、公园中心和停车场监管等城市管理相关职能，建立联席会议制度，形成“条块结合、以块为主、部门联动”的格局，提升城市管理水平。

（2）一办：城管办。城管办负责城市精细化管理日常工作。

（3）一中心：城市管理指挥中心。搭建城市运行管理服务平台，为城市管理“一委一办”统筹协调机制的高效运行提供技术支撑。

2）建立“城市运管服”运行机制

建立内部管理机制和制度，保障城市运行管理服务平台有效运行。制定《泉州市城市运行管理服务平台指挥手册（试行）》，构建“运管服”基础保障体系、运行管理机制、综合协调机制、监督指挥机制、工作协同机制、综合评价机制等，从组织、制度、技术等层面全方位推进和保障“运管服评”工作。

3）创新“监测吹哨，管养报到”制度

依托泉州市城市管理大脑，探索运用“互联网+网格”，创新实施“监测吹哨、管养报到”工作机制，实现“吹哨、报到、反馈、监督”的全过程信息化，全面构建城市管理“网格吹哨、部门报到、过程监督”工作流程。

3. 应用场景

1）聚焦城市运行，提高城市安全风险防控能力

创新城市生命线安全运行监测应用场景，聚焦市政设施、房屋建筑、交通设施和人员密集区域等方面，重点对市容环卫、市政公用、燃气安全、路面塌陷、管网漏损、

桥梁坍塌、道路积水、房屋安全等开展运行监测，对城市运行风险进行识别、评估、监测、预警和处置，实现城市运行全生命周期监测管理。截至 2024 年 1 月，累计整治风险隐患 1582 项，累计研判较大风险 217 个，预警规避重大风险 13 次，有效提高了各类风险预测预警预防能力。

2）聚焦城市管理，提高城市精细化管理水平

通过数据融合分析，整合来自环境监测、公共设施、市民行为等方面的多元数据，构建全面的城市运行数字画像，依托多渠道数据收集，全面捕捉城市管理细微问题。

通过自动化、智能化的数据处理和分析流程，减少人工干预和烦琐操作，提高数据处理的效率和准确性，积累了 1225 万条城市网格化管理案件数据；业务流程自动化率提升至 85%，推进数据跨系统、跨行业、跨部门共享运用，实现业务流程的无缝对接和高效运转。

通过视频智能发现 21 万个城市管理问题，通过物联感知发现 15 万件城市运行预警事件，自动派遣案件 42 万个；事件响应时间缩短至平均 30 分钟以内。在 2023 年度福建省基本公共卫生服务项目实施效果监测结果中，泉州市以 95.08 分在地市排名中获得全省第一名。

3）聚焦公共服务，提升市民参与度和获得感

挖掘用户行为数据，构建数据画像，为公众精准推荐并提供城市问题随手拍、公园导览、公厕查询、停车导览及停车备案等服务，提高数据效能。及时发现各类潜在的社会热点问题和敏感问题，及时响应人民群众诉求，提升群众的获得感、幸福感和安全感。通过对停车场数据进行融合共享、数据分析，实时掌握停车场余位情况，智能推荐附近最优停车场，缓解停车难问题，累计为市民提供共享服务 39 万余次，提供停车诱导服务超 100 万次，使市民平均通勤时间减少 20%，改善了市民的出行体验。

4）聚焦综合评价，发挥“以评促管”最大效能

业务部门领导、工作人员仅通过语音/文字的交互方式与 AI 机器人“索要”运行报告，大模型按需自动生成日报、周报等分析报告，并且通过智能分析给出决策建议，辅助领导决策，支持数据以可视化报表的形式呈现。累计为城管局输出每日工作简报 981 份、城市运行管理服务平台运行情况简报 375 份、城市管理局政府信息公开工作

年度报告 2 份、专项（重点）工作情况简报 63 份。结合本地实际增加特色指标，创新评价方法，通过报告评价结果分析，发现短板弱项，实现以评促建、以评促管。

5）聚焦应用场景，推动城市敏捷科学治理

围绕部件事件监管、市政公用、市容环卫、园林绿化、城市管理执法等行业领域，实现城市运行体征问题分析、关键指标监测预警、趋势研判及事件模拟等，为城市管理决策提供量化、直观、快速的参考依据。利用视频算法解析服务，智能发现 134 起河道漂浮物事件、2995 起占道经营事件，处置率达到 97%，有效改善了城市市容。通过数据分析预警预测，事件按期结案率达到 95.9%，96%以上的矛盾和隐患在网格内发现、化解，紧急事件响应时间缩短至 20 分钟，城市管理决策效率提升 40%，公众服务满意度达到 98%。

6）聚焦 AI 大模型，引领城市治理场景应用变革

基于城市治理行业大模型构建治理感知助手，通过慧眼识事能力，快速识别占道经营、违规停车、交通拥挤、井盖丢失等数十种城市治理场景事件。通过学习历史工单、知识库、事项权责、运行指南、法律法规等知识，训练智能事件和智能分析报告等大模型应用，辅助事件工单处理，准确率提升 30%，效率提升 3 倍；工单实现秒级分类分拨，自动分拨准确率达到 98%。

9.2.3 创新亮点

1. 治理模式创新：打造源头治理新范式

整合市政公用、市容环卫、园林绿化、城管执法等城市管理行业应用系统，并进行流程再造和联勤联动，形成城市运行管理“问题场景梳理、时空数据接入、模型研判分析、部门联动处置、效果评估倒逼流程再造”的源头治理新模式，实现城市运行管理事项“一网统管”。

2. 产品服务创新：赋能多领域场景应用

泉州市城市管理大脑通过“上下贯通、左右协同”的城市运行管理服务工作体系，系统解决城市运行、管理、服务过程中的问题和矛盾，不断提升市民群众的获得感、幸福感、安全感。

通过对燃气、供水、排水等城市基础设施的安全运行进行实时监测、预报预警，提升城市风险防控能力；通过对市政公用、市容环卫、园林绿化、城管执法等进行精细化管理，提升市民群众的满意度；通过及时提供精准、精细、精致的服务，解决市民群众的急难愁盼问题。

作为政府治理城市的重要工具和平台，泉州市城市管理大脑统筹协调、指挥调度各部门、各系统，具有“横向到边、纵向到底”的管理优势，对城市运行安全进行监测预警，对区域、部门的城市运行管理服务工作开展监督考核，对城市运行监测和城市管理监督工作开展综合评价。

3. 技术应用创新：推进多技术融合应用

基于城市信息模型、物联网、人工智能等新技术的特点和优势，在城市三维空间可视化、态势感知、智能研判等方面开展融合应用研究，实现城市运行管理从二维空间转向三维空间，从主动发现转向自动发现，从人工作业转向智能作业。

9.2.4 建设成效

1. 社会效益

1）推进城市精细化管理

泉州市城市管理大脑通过数据要素的融合应用，有效降低人工作业量和成本投入，弥补人工作业短板，实现全天候、全时段的感知和预警，减少主观因素干扰，降低人为出错概率，提高案件流转效率，事件办结率从63.7%提升至90%，推进城市精细化管理。

2）助力营商环境的优化和改善

融合应用物联网、人工智能等技术，实现城市立面空间的可视化监管，从而提升城市环境，改善市容市貌，降低突发事件隐患带来的生命财产安全风险，进一步助力城市营商环境的优化和改善。

3）提升群众的获得感、幸福感和安全感

通过挖掘各类公众诉求数据，及时发现各类潜在的社会热点问题和敏感问题，及时响应人民群众的诉求，避免社会问题发酵造成难以挽回的负面影响，把居民身边的

"琐事"变为管理者案头的大事，体现政府与市民的良性互动、共同管理城市的善治理念和执政为民的思想，提升群众的获得感、幸福感和安全感。

2. 经济效益

1）直接经济效益

通过数据融合汇聚，推进"高效处置一件事"，事件发现周期由 10 分钟减至 1 分钟，填单效率提升 3 倍，办件时间减少 50%，降低了城市管理和运行服务成本。

2）减少重复建设成本

通过泉州市城市管理大脑建设，实现城市运行管理服务相关数据的共享，避免因数据重复采集而导致的投资浪费，降低软硬件基础设施的独立建设成本；通过信息化手段，更新城市管理手段，降低城市管理人力成本和沟通成本，提高工作效率。

3）降低城市风险防控成本

依托泉州市城市管理大脑，对城市风险点情况实施精细管理，提前预防、及时处理，最大限度地降低风险源带来的危害；提升城市风险防控能力，降低风险防控成本，最大限度地降低安全生产事故、环境污染、自然灾害等带来的社会经济损失。

9.2.5 发展建议

1. 案例实施经验

泉州市城市管理大脑作为城市运行管理的总枢纽、总平台、总入口，汇聚城市基础数据，运行、管理、服务和综合评价等数据门类，累计治理各区/县、排水中心等 102 个部门、16 个应用系统、229 个资源目录，汇聚各类分散数据 1 亿余条，将各类多源异构数据变为有价值的信息资产，实现数据"可知、可控、可取、可联"，促进数据要素的跨部门、跨系统、跨平台顺畅流通，构建城市运行管理服务"一张网"。

2. 建议和展望

泉州市城市管理大脑作为福建省首个通过部委验收的市级平台，获得住房和城乡建设部信息中心专家的高度评价，可作为学习样板进行交流推广，推进城管信息化平台全覆盖目标，探索城市管理现代化、智能化、精细化的新路径。

未来，泉州市城市管理大脑将深度融合数据要素，积极探索人工智能场景的多元应用。依托大模型赋能，聚焦指挥协调，提供智能事件应用，推进“高效处置一件事”；汇集综合评价，提供智能报告、智能问答应用，推进科学、客观评价城市管理水平；汇集决策建议，提供智能问数、智能分析应用，用数据赋能科学治理，让城市管理更智能、更高效、更精准；通过数字化驱动生产生活和治理方式的变革，加速构建数字社会，推动城市治理体系和治理能力现代化。

9.3 临沂市城市大脑

9.3.1 背景及意义

城市大脑作为盘活数据要素的新措施、带动城市创新发展的新基建和提升治理服务能力的新抓手，受到各级各方面的空前重视。当前，临沂市的数字化发展还存在一些短板弱项，如数字基础设施融合不足、数据资源汇聚共享不够、数字赋能发展效果不佳等，对建设城市大脑提出了迫切需求。山东省委、省政府明确要求所有设区市建成并用好城市大脑。

临沂市委、市政府审时度势、抢抓机遇，明确提出集中打造数据统管、平台统一、系统集成的“城市大脑”作为支撑驱动数字强市建设的“一号工程”。临沂市通过“平台建设+机制改革”的组合拳，形成了市直部门需求调研、协同推进，专业团队技术攻坚的良性循环模式，分期逐步推动市级城市大脑建设工作，城市大脑应用领域得到拓展和深化，应用成效得到持续的巩固和提升，在重点领域实现综合应用，对城市运行状态的整体感知、全局分析和智能处置能力持续增强，数字赋能高质量发展在全省走在前列。

9.3.2 建设内容

1. 总体架构

临沂市城市大脑架构如图 9-6 所示。

临沂市城市大脑总体架构可总结为“四横五纵”体系，包括基础设施层、共性支撑层、专题应用层、展现层四级，并形成了组织统筹机制、运营运维机制、标准规范体系、宣传引导机制、督导考核机制五大配套体系。

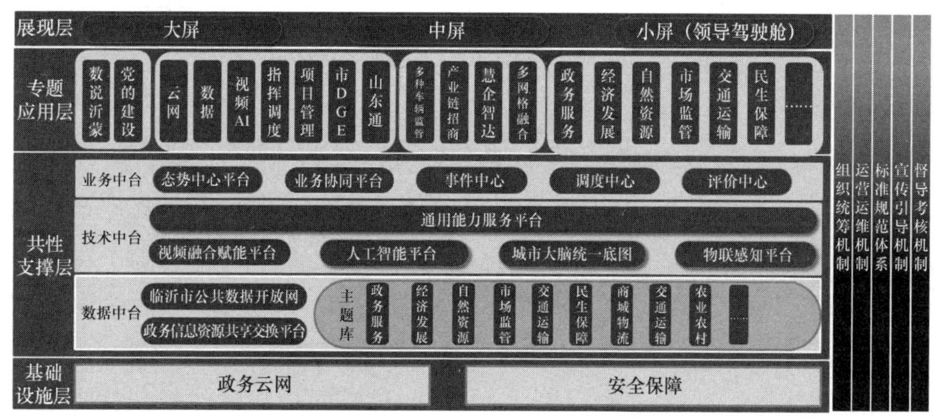

图 9-6 临沂市城市大脑架构

1）基础设施层

基础设施层包括政务云网等基础资源，为城市大脑及其他部门的系统平台提供资源支撑，按照省局规划，临沂市的政务云网进一步向信创升级。

2）共性支撑层

共性支撑层通过数据中台、技术中台、业务中台联合形成临沂市共性技术支撑体系，其中数据中台和技术中台通过汇聚数据、视频、算法、地图资源等多方面的能力，形成集成化能力仓库，为对外赋能提供支撑。业务中台围绕全域信息化系统全量接入、全域事件接入、全域指挥调度 3 方面形成一体化综合指挥能力。

3）专题应用层

专题应用层通过和全市各个部门进行协调对接，共计形成综合专题场景 2 个（数说沂蒙、党的建设），行业专题场景 22 个（政务服务、经济发展等），特色专题场景 4 个（多种车辆监管、产业链招商、惠企智达、多网格融合），基础支撑场景 7 个［云网、数据、视频 AI、指挥调度、项目管理、市 DGE（数字政府生态系统）、山东通］，合计 35 个专题场景。

4）展现层

展现层针对不同的使用场景，通过大屏、中屏、小屏联动，打造城市运行体征的“仪表盘”、城市协同联动的“调度台”、城市应急指挥的“作战室”、辅助领导决策的“参谋部”。

2. 应用场景

1）多种车辆监管

通过汇聚“五车”（商混车、渣土车、洗扫车、垃圾车、清扫车）平台、“两客一危”平台、出租车平台、公交车平台、校车平台、车辆传感、车辆属性等的运行监测数据，充分借助 AI 智能分析、物联感知、大数据等新一代信息技术，打造多种车辆监管场景，实现车辆的实时动态监控、全景统计分析、智能运行监管三大核心功能。

2）产业链招商

围绕实施现代化强市“八大战略”，锁定钢铁、木业等临沂市特色与优势产业进行重点打造，形成具有临沂市本地特色的数字经济样板。以产业链招商为核心，帮助地方政府构建本地经济生态体系。归集企业端、政府端、市场端数据，完善流程管理、全景监测、精准服务、决策辅助四大体系，打造政企协同、开放赋能、生态创新、持续迭代的产业链招商发展体系，帮助客户找准重点产业发展领域，辅助形成 “挖掘—招引—落地—产业化”全流程的产业链条。

3）惠企智达

通过对“沂 i 企”企业全生命周期综合服务平台中的数据进行挖掘、整合、加工，从市场主体总量、惠企政策数量、政策服务地图、政策服务覆盖面、融资服务情况、事项审批速度、推送企业数量、推送政策数量等维度分析和展现惠企领域的工作成效、服务情况，助力优化全域营商环境。

4）多网格融合赋能

按照“上面千条线，下面一根针”的工作思路，实现以融合网格事件全流程管控、多功能网格融合赋能的特色应用，通过基于事件的全面感知、统计分析、辅助决策、指挥调度等能力综合展示城市实时运行状态，为城市管理者提供多维度的辅助决策支撑。

9.3.3 创新亮点

临沂市城市大脑平台作为推进系统平台统筹整合、加快数据资源汇聚共享、深化业务应用融合创新、推动城市治理体系和治理能力现代化、促进经济社会各领域数字化发展的重要抓手，规划提升六大基础能力。一是基础资源支撑能力，为城市大脑提供足够的云网资源支撑，实现城市多源异构系统和数据的全局协同。二是数据融合能力，汇聚临沂市全量数据资源，打通数据逻辑关联，实现数据共通、共享、共用。三是共性支撑能力，通过临沂市全域的共性技术支撑平台，包括全域视频融合平台、城市信息化模型平台、人工智能平台、一体化大数据平台等，形成临沂市城市大脑平台的能力输出单元。四是智能分析能力，通过多种主流深度学习框架、算法组件及一体化算法的调度管理，支持人工智能语言开发算法，为城市“感知神经”赋能。五是辅助决策能力，在城市运行各项数据的基础上，利用大数据的计算能力、分析能力和专业化模型，挖掘城市数据蕴含的价值，以“真姿态”呈现城市体征运行态势，针对城市概况、经济发展、政务服务、民生幸福、公共安全、城市治理等城市运行指标进行动态监测。六是安全保障能力，通过推动网络信息安全和城市大脑协同规划，形成涵盖采集、传输、处理、交换、销毁等数据全生命周期的数据资源安全保障体系。

9.3.4 建设成效

1. 社会效益

1）注重数据分析利用能力，降低沟通成本

城市大脑建设项目进一步强化了对数据的综合利用，广泛的数据范围可以提升数据分析的准确性和全面性，建立有效的技术支撑；在原有数据的基础上，将临沂市的综治、“12345”、城管、应急、环保等各部门的数据进行统一整合和交换，通过临沂市一体化大数据平台进行集中管理和维护，持续打造主题库对数据进行整合归集，有利于抓住行业数据之间的联系，便于数据的分析利用，有效降低业务人员与行业外单位为取数、分析而进行沟通的成本，提高业务处理的时效性。

2）减少城市安全隐患，降低人员和财产损失

城市大脑项目的建设可以大幅节省人力成本，提高信息利用率和时效性，提高自然灾害和安全生产预警能力，协助指挥系统的高效、协同、综合运行。管理者能随时了解各类安全隐患，做到防患于未然，有效降低损失。

2. 经济效益

1）有利于促进城市管理部门的协作配合

城市运行综合管理带来了管理体制变革、管理流程再造、监督考评体系确立，促进了管理资源整合，使城市管理的各个专业部门和各个管理层次的人、财、物、信息等管理资源实现整合和优化组合，提高了城市管理的整体效能。

2）有助于推动城市安全机制的优化完善

城市大脑建设项目可对重大突发事件进行可靠预防、综合监测监控、快速响应、准确预测、快速预警和高效处置，为市政府、各单位面向突发事件的预测预警和决策调度提供科学支持，对突发事件的处置提供强大的决策支持，因此可以在预防和减少突发事件的发生及避免人员伤亡等方面发挥重要作用，切实保障群众的生命财产安全。

9.3.5 发展建议

临沂市认真贯彻中央关于创新社会治理、加强城市管理的系列要求，以城市为主体，整合数据资源，形成城市级别的数据共享、统计和分析，构建了感知设施统筹、数据统管、平台统一、系统集成和应用多样的城市大脑体系，探索了一条通过人工智能模型优化城市治理和服务的城市社会治理新路径，为提高城市管理和服务水平提供了有益借鉴。

1. 坚持顶层设计

临沂市出台了《临沂市城市大脑建设工作方案》，按照“一屏观全市、一网管全市、能力赋全市”的功能定位，保障数据的真实性与准确性，持续优化各功能板块，提高平台实时感知、发现问题、快速有效处置问题的能力。

2. 坚持系统建设

通过提升责任意识、强化市县联动，市直有关部门和企业超前谋划、主动研究、靠前推进，各级各部门主动汇报、主动沟通、主动对接，加快数字底座建设、平台系统集成和应用场景创建。

3. 聚焦系统运行

各级党政机关强化“前台”服务保障，运行公司做好“后台”技术支撑和安全管理，采取市场化运营模式，充分挖掘数据资源，强化数据运用，更好地服务经济社会的发展。

4. 聚焦场景应用

基于城市大脑枢纽平台，面向城市治理、民生服务和产业发展等重点领域，按照“全面布局、重点推进，急用先行、分步实施”的原则，推出政务服务、城市管理、市场监管、“12345 • 临沂首发”等 13 个专题应用，做到“实战中管用、基层干部爱用、群众感到受用”，不断提升城市治理现代化水平，赋能全市经济社会高质量发展。

9.4 南京市城市运行“一网统管”综合指挥调度系统

9.4.1 背景及意义

南京市城市运行“一网统管”综合指挥调度系统以“统一整体规划、统一建设机制、统一标准规范”为基本原则，融合运用大数据、物联网、人工智能、区块链、云边协同等新一代信息通信技术，提升城市运行纵向联动、全息感知、人工智能预警研判能力，推进“一网统管”的数据和平台整合，围绕城市运行管理工作需求，统一数据标准，统一技术支撑，做到能整则整、应统尽统，持续深化城市运行“一网统管”综合指挥调度联动能力建设，支撑城市精细化管理、服务领导决策、探索应用创新，提升南京市城市治理能力。

依托“智慧南京”建设成果，以“全息感知、监测预警、资源融通、联动赋能、智能应用”为驱动，以城市治理体系和治理能力现代化为方向，以实现“一网整合数据、一屏能观全局、一体应急联动”为目标，主动发现、防患于未然，提高城市运行事件处置能力，构建综合指挥调度体系，升级领导驾驶舱，并为市委、市政府主要领导坐镇指挥夯实基础，更好地支撑决策、服务治理、赋能基层。构建“一网统管”体系架构，制定技术标准规范，整合城市运行数据和平台，集成基层赋能工具，打造“一网统管”中枢系统，进一步打通条块业务系统和区系统，形成横向到边、纵向到底、互联互通的矩阵结构，赋能支撑基层平台和智慧应用，不断提升城市现代化治理水平。

9.4.2 建设内容

1. 总体目标

一是提升综合指挥调度能力，实现城市日常运行中潜在风险预警信息和跨地区/

跨部门事件的任务分派与考核评价，实现城市级重大事件的指挥调度；二是提升分析监测能力，通过人工智能等技术，结合专业力量分析研判城市运行中的潜在风险和重大民生诉求，提供城市运行决策支持；三是提升运行感知能力，对城市整体运行态势进行实时、全面感知，为城市运行“一网统管”提供可靠的数据保障。

2. 总体架构

南京市城市运行“一网统管”综合指挥调度系统总体架构如图 9-7 所示。

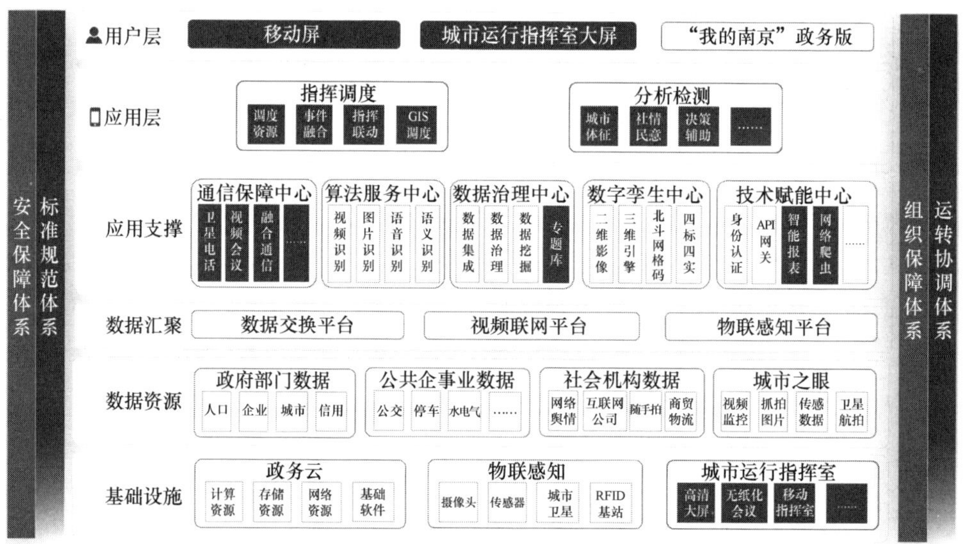

图 9-7 南京市城市运行“一网统管”综合指挥调度系统总体架构

1）城市运行指挥室改造

（1）环境改造。指挥调度中心办公区域作为运行管理办公场所，改造总面积 824 ㎡，主要提供运维、日常办公（共可容纳 94 人）、会议商讨等多种功能。整体空间布局功能分区主要包括强电机房（21 ㎡）、储存室（21 ㎡）、办公室（36 ㎡，6 个工位）、大会议室（70 ㎡）、开放式办公区（676 ㎡）等。

（2）办公区域智能化系统改造。办公区域智能化系统改造主要包括无纸化办公系统、出入口及办公区监控视频系统、AI 门禁系统的建设，综合布线系统、网络系统的改造，以及设备间配套设备的迁移等。

（3）指挥中心区域智能化系统改造。指挥中心区域智能化系统改造主要包括对原有指挥中心大屏分布式系统、音响扩声系统、中央控制系统、领导坐席系统等的升级改造，以满足市领导应对城市常态化管理、应急调度、决策指挥、在线会商的需要。

（4）移动指挥调度装备改造。通过安装可移动、可拆卸的设备，着力提升南京市城市运行综合调度指挥室的信息化水平和应急处置效能，建设一个集通信、调度、可视化展示等于一体的智能化移动指挥调度中心。

2）“一网统管”应用支撑体系

（1）通信保障中心。在各部门现有专业通信指挥系统的基础上，建设以城运中心为核心，以各部门、各板块指挥平台为节点，以基层平台为端点，上下贯通、左右衔接、互联互通、信息共享、互有侧重、互为支撑、安全畅通的通信保障体系，提供视频监控、指挥调度、移动应急和异地会商等主要功能，接入集群通信、无人机、卫星电话等应急通信设备，满足突发事件处置要求。

（2）数据治理中心。通过视频 AI 分析、物联感知、“随手拍”等多元手段赋能，汇聚消防、交通、城管、水务、环保等领域的物联网感知数据，整合公安 110 非警情、网格化社会治理平台、“12345”平台及数字城管平台等的业务系统工单，以及网络舆情等社会数据。针对城市运行状态、生态环境等各方面的数据，运用多数据源集成、趋势预测、模式识别、热点探测、关联分析等数据挖掘技术，形成城市运行中心专题数据库，为城市运行管理中心提供全景化数据支撑。

（3）技术赋能中心。采购智能报表管理、网络爬虫、文档中台、机器人流程自动化等定制化标准软件产品，为城市运行“一网统管”、基层减负提供技术支撑。

3）综合调度应用

（1）指挥调度。以 GIS 地图为基础，整合网格地图、视频监控、城市部件、业务图层、救援力量等各类调度资源，支撑人员、车辆、视频、应急物资等全要素在线，调度指令一键下达，分指挥中心界面一键上屏，实现一个平台对多个通信系统和指挥系统的互联互通、统一调度，满足不同部门、不同业务的指挥调度需求，实现各委办部门之间的联动。

（2）分析监测。通过图像识别、视频影像识别、语音识别、文本语义分析等人工智能算法的模型训练、智能分析和结果输出，实现对城市运行情况的感知，打造精细化治理“城市之眼”。通过全态势感知、全角度刻画的形式，多维度监测全市城市运行的工作全貌，实现城市运行分析监测，支撑城市运行管理决策。

3. 场景应用

1）大型活动安全保障

南京城市运行中心构建了大型活动的人群客流分析系统，以热力图、客流曲线图、饼状图等可视化图表呈现客流密度，将人流分布情况以不同的颜色和区块直观地呈现出来，同时支持自动绘制全天游客数量由低到高再由高回落的动态变化，将南京市的景区、公园、体育馆等任何一个区域在电子地图上进行预先标注，划出区域范围，对全市所有大型活动场所进行实时在线人流密度监测，为活动安全监管提供有效支撑和数据积累，保障大型活动的安全举办、及时响应和指挥调度。

2）事件融合调度处置

将南京市的城市管理事件进行统一接入和分拨调度，实现对多渠道城市管理事件的统一受理、统一分拨、统一处置、统一监管，以“高效处置一件事”为目标。对业务流转所需的事项梳理服务进行梳理，对接相关委办部门的业务系统，实现各委办部门之间的联动。梳理全市城运事项梳理，统一编码、统一分类、事项精细化梳理，按照 50 个事项（20 个复杂事项、30 个一般事项）计算，实现与南京 12 个区及 6 个主要委办局的平台对接，并实现事件指令下达和结果反馈。

9.4.3 创新亮点

1. 统一融合调度

通过对指挥调度中心的改造和建设，将南京市各局办现有的有线通信、无线通信、视频通信、数据通信等终端融合在一个平台上，打通指挥中心、现场指挥部、一线处置人员之间的语音、视频、数据、应用等通道，同时提供统一开放平台，赋能其他各类数据系统、应用系统，丰富应急指挥场景的通信手段，共同构建一张覆盖全市的融合通信调度平台，同时对南京指挥中心运维工作区、指挥区及现阶段智能化建设进行升级改造，整体提升智慧南京指挥中心的应急指挥调度保障能力。

2. 统一联动指挥

南京城市运行中心可以解决部门间联动程度不强的问题。采用智能化手段，实现更高水平的联动融合，提升部门联动处置的工作质效。面对城市运行复杂多变的工作状态，部门单条线的事件流转容易造成对群体性事件识别、关联事件处置、联动工作推进的滞后或信息缺失。通过点、线、片、面相结合，提升城市态势感知能力和城市智能化管理水平，实现“一网观全城”，全面推进南京市治理体系和治理能力现代化。

9.4.4 建设成效

1. 社会效益

构建城市运行“一网统管”综合指挥调度系统有助于政府部门对城市管理态势的总体掌控和对城市管理工作的精细化，提高精准施政效度，助力提高城市管理水平，减少风险，促进城市的高效运行，从而提高经济效益。

2. 经济效益

1）增强数字化基础能力

通过统筹协作，强化集约共享，建成技术先进、结构合理、协调发展、绿色安全的视频会议和视频联动系统，提升城市信息基础设施智能化水平，实现跨部门、跨区域、跨层级、跨系统的通信升级，支撑南京智慧城市的发展。

2）提升城市治理能力

南京城市运行中心能够为智慧城市各应用系统赋能，使它们更好地理解、分析和预测城市行为；提供危险预警、语义检索、决策分析等多种功能；为城市管理提供决策依据和有效工具，创新社会治理体制，改进社会治理方式，以网格化管理、社会化服务为方向，最大限度地增加和谐因素，增强社会发展活力，提高社会治理水平。

9.4.5 发展建议

1. 建立保障措施

延续顶层设计思路，充分利用已有成果，搭建上下贯通的融合通信指挥调度体系；加强信息资源分析挖掘，提升平台的分析研判能力，赋能各级城运中心应用；充分评估和论证各种技术框架的先进性、成熟性、安全性，有效平衡技术选择的先进性和成熟性，降低相关风险。

2. 增强信息安全能力

通过建立稳定的数据库和数据库审计制度，支撑南京城市运行中心的平稳运行，使其更好地管理庞大的用户数据；防止非法用户进入，保证应用程序不被破坏，数据不丢失、不泄露；建立完善灵活的权限管理机制及防信息窃取、防数据篡改的安全机制；建立数据管理和备份体系，对业务数据库进行定期备份，保证数据不丢失。

9.5 杭州城市大脑数字驾驶舱

9.5.1 背景及意义

习近平总书记指出："要运用大数据提升国家治理现代化水平。要建立健全大数据辅助科学决策和社会治理的机制，推进政府管理和社会治理模式创新，实现政府决策科学化、社会治理精准化、公共服务高效化。"中共杭州市委十二届八次全体（扩大）会议报告指出，城市治理模式必须跟上技术加速迭代、群众需求日益增长的步伐。杭州既要打造"全国数字经济第一城"，也要打造"全国数字治理第一城"。要做强做优城市大脑，打造城市运行数字化最优解决方案。要深化数字驾驶舱建设，即时在线提供全方位监测、分析、预警，真正让城市大脑更"聪明"，让城市会思考，让生活更美好。

杭州城市大脑市级数字驾驶舱于2019年年初提出、年中发布，持续迭代优化后，逐渐成为多数市级领导的日常工具，为他们在城市运行监测、日常办公、管理决策等方面的城市治理工作提供了重要帮助。本案例中的杭州城市大脑数字驾驶舱将助力杭州城市大脑的标准化建设。

9.5.2 建设内容

1. 技术架构

城市大脑数字驾驶舱围绕城市治理"五位一体"架构，构建了支撑城市大脑运行的计算、数据、算法、感知、安全五大能力系统，并且依托城市大脑平台，聚焦公共安全、公共卫生、公共服务、城市管理、生态环境、信用体系等城市治理的痛点和难点问题，构建数字驾驶舱集约化服务能力，为不同层级的管理人员实时展示城市运行各方面的数据建设，让数字驾驶舱成为城市治理的"分析仪""扫描仪""指南针"，实现城市管理精细化、准确化，提高社会治理效能。

杭州城市大脑数字驾驶舱技术架构如图 9-8 所示。

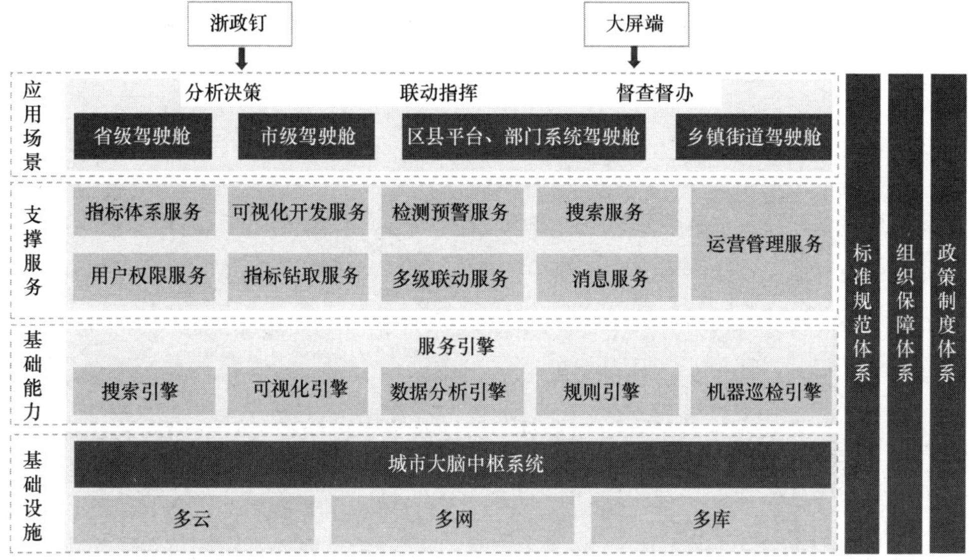

图 9-8　杭州城市大脑数字驾驶舱技术架构

该项目包括数字驾驶舱集约一体化建设、市级数字驾驶舱功能及指标监测体系建设、城市大脑场景运行成效与督考晾晒驾驶舱建设 3 部分。

（1）数字驾驶舱集约一体化建设。实施各单位数字驾驶舱一体化开发、运营管理及安全建设，提供一套符合杭州城市大脑视觉规范的可视化数字驾驶舱模板。平台支持通过可视化的配置方式快速完成各单位数字驾驶舱的建设工作。各单位专注于领域指标的梳理，以及数据接口中枢、一体化智能化公共数据平台的注册工作，在一体化平台上完成数字驾驶舱的开发，真正实现服务高效化、资源集约化的数字驾驶舱建设和运营管理模式。

（2）市级数字驾驶舱功能及指标监测体系建设。市级数字驾驶舱功能及指标监测体系建设包括指标体系构建、态势展现方式增加、运营支撑平台能力升级、驾驶舱访问监测等部分，全面建设和完善市级数字驾驶舱的功能，细化指标颗粒度，丰富态势展现，使之成为推进基层治理现代化、探索全国城市基层治理体系和治理能力现代化的新成果。

（3）城市大脑场景运行成效与督考晾晒驾驶舱建设。城市大脑场景运行成效与督考晾晒驾驶舱建设包括城市大脑场景成效模块建设、重点任务攻坚模块建设、数据质量管理模块建设，通过场景重点指标的实时监测、比对分析，全方位准确评价场景的推进成果和项目质量。对上舱的重点场景的攻坚进度进行在线查询、实时监督，对接入指标的数据质量进行及时反馈。

2. 应用场景

数字驾驶舱在杭州基本形成了横向覆盖市-区/县-街镇各区域平台和纵向覆盖各业务系统的体系，入选中国数字政府特色评选50强，获评全国数字政府示范引领奖，相关实践获得浙江省数字经济发展领导小组发文推广，助力杭州城市大脑获评浙江省数字化改革“最强大脑”。

（1）数字驾驶舱是城市管理者的“数字智囊”。杭州已建成数字驾驶舱五级机长制，实现对日常城市运行的全方位感知，针对各类突发事件实行全周期监管和五级指挥处置的应用机制，成为辅助城市系统治理、综合治理的“数字智囊”。

（2）数字驾驶舱是疫情防控的“数字武器”。数字驾驶舱在杭州疫情防控中表现突出，被多个部门和区/县、街道用作“数字抗疫”的武器。例如，江干疫情防控数字驾驶舱实现了全区疫情防控数据实时掌控、疫情动态一目了然，有效保障了杭州“东大门”的疫情防控。

（3）数字驾驶舱是复工复产的“数字利器”。数字驾驶舱赋能杭州“亲清在线”数字平台，帮助各级政府第一时间掌握惠企政策落实的最新情况，并根据政策兑付数据，及时、精准、高效、科学地制定惠企政策，便于财政资金的安全追溯。

9.5.3 创新亮点

1. 整体创新

数字驾驶舱是融合城市治理现代化理念、新一代信息技术和政府自身改革要求的创新产物，是用于辅助政府治理者治理城市的数据化、在线化、智能化实战工具。数字驾驶舱突破了传统大屏展示参观的用途，实现了数据从“给别人看”到“给自己看”。

2. 技术创新

数字驾驶舱在面向多维指标的多态前端开发、一体化的规范设计、集成的指标管理、灵活的可视化引擎管理、分级分类的权限管理、高质量的数据治理、强大的技术使能、自动化的运维、长效的安全保障等方面均具有先进和特色的创新，更贴合政务人员的使用，符合政策要求。

3. 模式创新

数字驾驶舱在直达下情、直达领导、有数可依、智能“驾驶”、五级机长等方面创新了政务模式。直达下情，帮助城市各级领导实时掌握情况。直达领导，实现第一现场直达城市各级领导。解决源自基层的数字指标、情况事件的实时动态呈现问题。数字指标经过计算后实时呈现，精细指导城市治理者的日常工作。

9.5.4 建设成效

1. 社会效益

城市大脑数字驾驶舱自 2019 年 9 月 30 日在杭州正式上线以来，基本形成了横向覆盖市-区/县-街道（乡镇）各区域平台和纵向覆盖各业务系统的数字驾驶舱体系。目前上线的 390 个数字驾驶舱在杭州城市现代化治理中持续发挥重要的决策支撑作用，有效解决了各级政府、各部门用于决策的数据“少、散、迟、乱”等问题，大幅减少了城市管理的盲点，在数据出现异常时能够及时预警。例如，在 2019 年 8 月 28 日的杭州建国北路塌陷事件中，潮鸣街道及时利用数字驾驶舱在短时间内疏散了树园小区受影响的 792 户居民，以数据协同争取到了“黄金 10 分钟”。数字驾驶舱还深度赋能杭州企业复工复产，赋能杭州“亲清在线”数字平台，帮助各级政府第一时间掌握惠企政策落实的最新情况，并根据政策兑付数据，及时、精准、高效、科学地制定惠企政策。

2. 经济效益

本项目通过综合运用数字化技术，进一步优化政府现有的组织模式、工作方法和服务方式，实现政府管理的数字化、网络化、智能化和精细化，有效规范各类行政行为，增强部门业务协同，大幅提高政府的行政效率，大幅节省行政成本。数字驾驶舱等系统的应用提高了全市各项政策制定的科学性和合理性，减少了不合理决策的发生率，从而减少了不合理决策带来的间接损失。数字驾驶舱与城市大脑部门（区/县）平台的联动，能够实现市、区协同治理，减少信息沟通和资源协调的成本，尤其可以将各种事故的损失降到最低。同时，数字驾驶舱可以对市场、产业、营商环境产生良性影响，为创新创业企业提供发展的土壤，优化全市产业结构，促进数字经济在杭州的高质量发展。

9.5.5 发展建议

在数字化改革市场，城市大脑是基础核心，而数字驾驶舱是城市大脑的核心组成部分。在未来的智慧城市建设中，数字驾驶舱将成为全国近 700 个城市各部门和各级政府管理者开展数字治理必备的大数据可视化工具，市场空间巨大。同时，根据相关机构发布的数据，2020—2024 年中国大数据相关技术与服务市场实现 19.0%的年均复合增长率，数字驾驶舱作为大数据行业的可视化智能应用，其市场增长率保持甚至超过 19.0%。同时，数字驾驶舱产品正处于市场投放起步阶段，同类产品构成的竞争威胁较小，有望获得更加快速的推广。

对于数字驾驶舱的研发、部署和运营，目前已经形成了一套成熟的行业经验，采用成熟的技术架构和产品规范，开发部署周期一般为 1～2 周，对需求方的技术开发能力和人员的技术素养要求不高。技术的友好性降低了各级政府、部门的复制难度和成本。未来将继续在国内各省（市）推行统一建设标准的数字驾驶舱，推进“数字中国”基础建设进度。

参考文献

[1] 梁正. 城市大脑：运作机制、治理效能与优化路径[J]. 学术前沿，2021(6)：58-65.

[2] 刘文，张红卫.《城市大脑发展白皮书（2022）》解读[J]. 信息技术与标准化，2022(3)：7-12.

[3] 王佐成，张晓彤. 高质量建设“城市大脑”[J]. 唯实，2022(3)：70-72.

[4] 本刊编辑部. 建设城市大脑提高政府治理能效[J]. 信息技术与标准化，2022(3)：1.

[5] 中国信息通信研究院，浪潮集团有限公司. 后疫情时代城市运行管理中心行业报告（2020年）[R].(2020-09-16)[2025-03-31].

[6] 全国信标委智慧城市标准工作组. 智慧城市“一网统管”运营研究报告（2024）[R].(2024-01-22)[2025-03-31].

[7] 董幼鸿，赵勇，陶振，等. 上海城市运行“一网统管”的创新和探索[M]. 上海：上海人民出版社，2021.

[8] 郑宇. 城市治理一网统管[J]. 武汉大学学报（信息科学版），2022(1)：19-25.

[9] 梅岭，齐涛. 一网统管：城市发展与治理的变革之道[J]. 中国安防，2022(3)：68-72.

[10] 明煦，刘勇兵，陈洪胜，等. 基于大数据挖掘和多系统融合的“领导驾驶舱”智能决策[J]. 电力大数据，2019(5)：33-40.

[11] 郑慧杰，张淼，马玉晓. 数字驾驶舱体系架构的探索与研究[J]. 信息技术与标准化，2022(9)：78-83.

[12] 吴志强. 中国（厦门）国际贸易单一窗口领导驾驶舱的应用研究[J]. 中国信息化，2023(11)：99-101.

[13] 马玉晓，王茜，王妍，等. 城市大脑数字驾驶舱建设探索与研究[J]. 信息技术与标准化，2021(10)：20-23.

[14] 赵令娟. 城市大脑赋能社会治理的实践探索[J]. 浙江经济，2021(1)：58-59.

[15] 汪楠，鲁斐栋，张心怡. 创新协同运行机制提升城市治理能力——以杭州“城市大脑”为例[J]. 时代建筑，2021(4)：59-61.

[16] 兰建平. 以产业大脑建设助推高质量发展[J]. 社会治理，2021(4)：48-51.

[17] 赵建军，贾鑫晶. 智慧城市、人力资本与产业结构转型升级[J]. 价格理论与实践，2019(8)：161-164.

[18] 沈海石. 城市大脑建设的地方实践与思考——以漳州市为例[J]. 海峡科学，2023(8)：91-96.

[19] 朱亦希. 虹口区城市大脑数字化运营实践[J]. 信息技术与标准化，2023(8)：26-31.

[20] CCSA TC601 大数据技术标准推进委员会，中国信息通信研究院. 数据资产管理实践白皮书（5.0 版）[R]. (2021-12-20)[2025-03-31].

[21] 陆化普，肖天正，杨鸣. 建设城市交通大脑的若干思考[J]. 城市交通，2018(6)：1-6.

[22] 马丽娟. 关于当前城市大脑建设的思考与建议[J]. 数字技术与应用，2023(7):21-23.

[23] 全国数据资源调查工作组. 全国数据资源调查报告（2023 年）[R]. (2024-05-24)[2025-03-31].

[24] 国家信息中心信息化和产业发展部，佳都新太科技股份有限公司. 城市大脑建设目标选择、方法与路径——城市大脑规划建设与应用研究报告 2020[R]. (2020-11-17)[2025-03-31].

[25] 城市大脑全球标准研究组. 城市大脑全球标准研究报告（2020 摘要）[R]. (2020-12-23)[2025-03-31].

[26] 全国信标委智慧城市标准工作组. 城市大脑标准体系建设指南（2022 版）[R]. (2022-09-03)[2025-03-31].

[27] 周波. 城市大脑标准化路径研究[J]. 信息技术与标准化，2023(12):14-20.

[28] 唐斯斯，张延强，单志广，等. 我国新型智慧城市发展现状、形势与政策建议[J]. 电子政务，2020(4):70-80.

[29] 唐怀坤，朱晨鸣，黄明科，等. 智慧城市 3.0：城市大脑建设方法与实践[M]. 北京：人民邮电出版社，2023.

反侵权盗版声明

举报电话：（010）88254396；（010）88258888

传　　真：（010）88254397

E-mail：　dbqq@phei.com.cn

通信地址：北京市万寿路 173 信箱

电子工业出版社总编办公室

邮　　编：100036